【図解】

数学の定理と数式の世界

理論と歴史と
身近な事例で
面白いほどよくわかる！

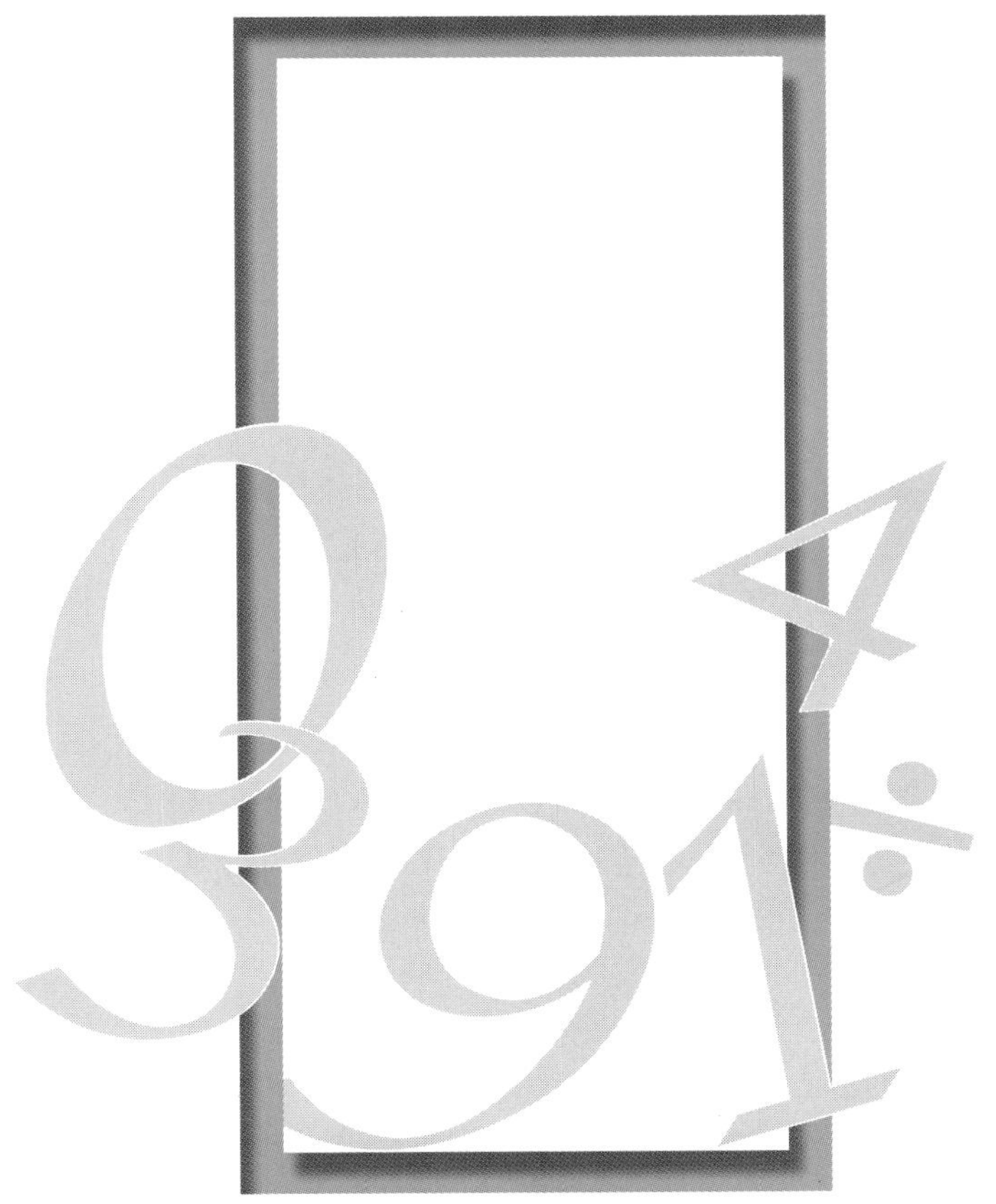

矢沢サイエンスオフィス・編著

ONE PUBLISHING

【図解】数学の定理と数式の世界

◆

目次

第1章 数学はじめの一歩

Contents

第2章 科学の数学

第3章 天才の数学・狂気の数学

はじめに

AとBの2人が書く数学

今風にとても薄っぺらいこの科学本のシリーズで数学をテーマにするのはこれで2度目です。前回は、数式を用いない〝読む数学〟という、国内はもちろん世界的にもほとんど見かけたことのないコンセプトで数学を扱ってみました（『図解・数学の世界』）。一見奇妙なその数学本――筆者のいくらか古い感覚では本というよりは冊子ですが――は大変多くの読者に手にとってもらいました。そこで味を占めたと言われかねないものの、今回は数式を多少用いて再チャレンジすることにしました。

新しいコンセプトは、①いくらかの基本的数式を用いて、②現実社会のあらゆる分野で使われる数学に個別に目をむける、というものです。

数学は好むと好まざるに関わらず社会に浸透しています。別に数学のオタクやオーソリティーになる必要はまったくありませんが、21世紀の今を生きる現代人の常識として多少とも目を向けておけば、日常生活でも仕事上でも、あるいは世にあふれる膨大な情報の理解のためにも、無益無用のはずはありません。多少面倒くさい数学用語や数式も出てきますが、気軽に目を通していただければと思います。

本書を書いたのはAとBの2人です。2人とも科学情報を扱うことを業としてきたとはいえ、Aはもともと数学が好きでたまらず、下手をすると数学オタクになりかねない危うさをもっています。他方BにはAとの共通点が何もなく、歴史や文学や国際政治に対するときと異なり、数学に対してはオタクの真反対の反応を見せます。そのためもあり、この2人は互いの顔や姿を数十年来見たこともありません。

しかしかくも共通点に欠ける2人が数学というひとつのテーマで共著することには利点もあります。それは、数学用語の定義や数式の正誤にどこまでもこだわるAと、天才的数学者などというしばしば奇矯な精神性をもつ人々に対する人間観察のほうに目が行きがちなBをミックスすると、それなりにバランスのとれた1個の筆者が出来上がるということです。これは、数学が好きな読者にも、ちょっと遠くから冷たい目で数学を眺める読者にも、そこそこの答を提供できると思うからです。

ところで、筆者がひとりの数学者あるいは科学者としてもっとも強い関心をもってきた人物は、アメリカのジョン・フォン・ノイマンです。彼は（本書のどこかでもふれたように）、いまや経済学や安全保障の分野で不可欠の存在となっている「ゲーム理論」の創出者であり、読者がいまも手元にもって日々使用しているであろうスマホやコンピューター（巨大なスーパーコンピューターも）の作動原理を生み出した張本人です。そして第二次世界大戦中には、アメリカの原爆開発（マンハッタン計画）の中で原爆の構造設計に決定的に重要な役割を果たしています。

最近はメディアなどが天才という言葉をあらゆる場面で乱用していますが、20世紀の真の天才、それも数学に限らずあらゆる現実科学と純粋科学の天才と言えば筆者の目にはどうしてもフォン・ノイマンの姿が見えてきます。

いずれも１９３０年代にナチスから逃れてアメリカに亡命したアインシュタインとフォン・ノイマンは、偶然にも高名なプリンストン高等研究所が採用した４人の新入りの所員に含まれていました（筆者はかつてこの研究所に近いプリンストン大学を訪れましたが、名称の似ているこの両者は別々の研究機関です）。そこではじめてフォン・ノイマンに出会ったアインシュタインは

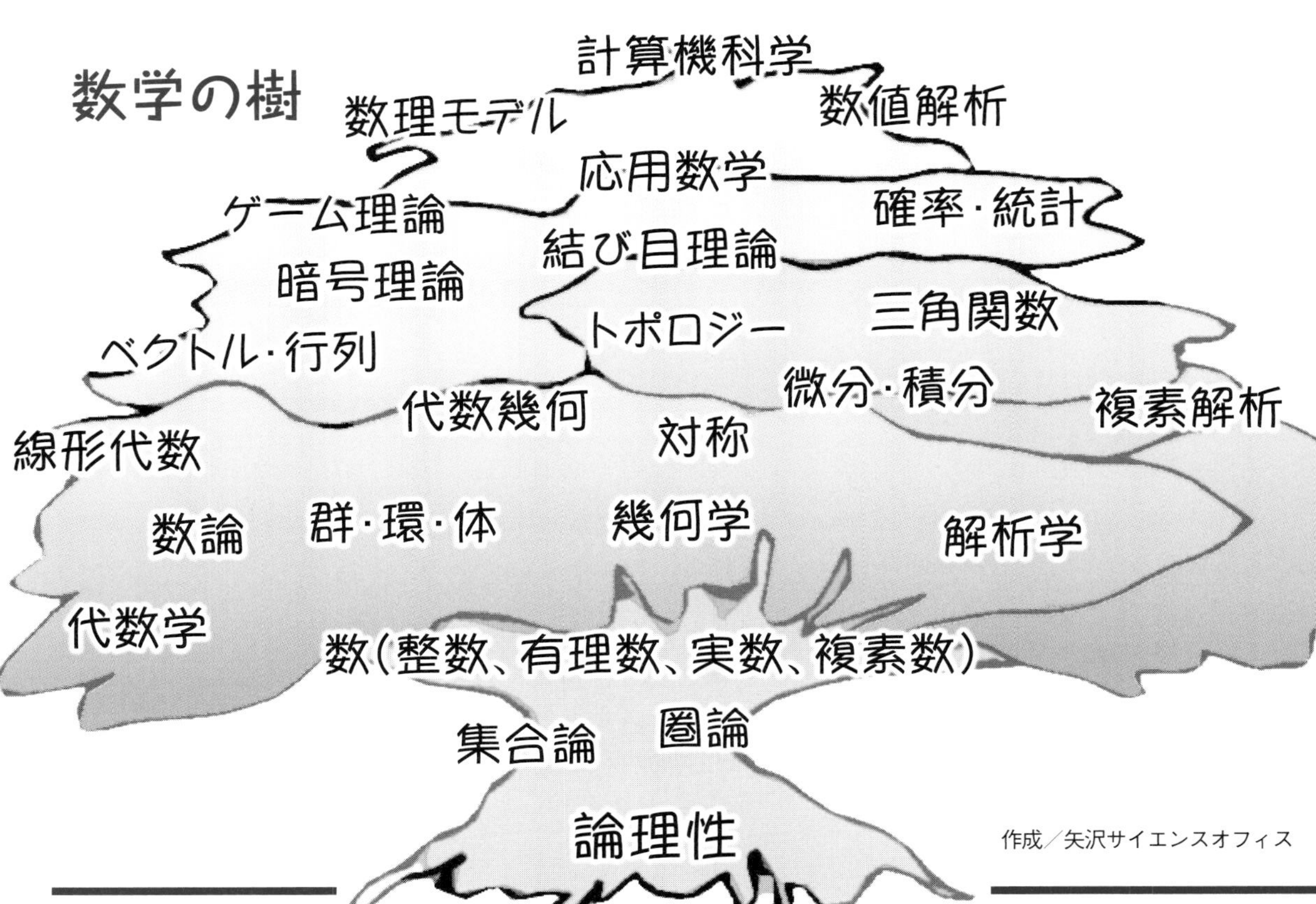

作成／矢沢サイエンスオフィス

後に、「彼こそは真の天才だ」と述べています。大天才が大大天才を見分けたということでしょうか。

フォン・ノイマンは日常生活で危うい振る舞いをするよくある天才的数学者ではなく、圧倒的な社会性をもち、20世紀以降の世界史を大きく変えた――おそらくアインシュタイン以上に――純粋数学者・物理学者・政治学者、そして「オペレーションズ・リサーチ」として知られる軍事戦略の開拓者でもありました。衝撃波の発生のしかた、流体力学方程式、量子力学の形式の完成、原爆投下の標的とすべき日本の候補地の選定、気象力学のパイオニア的研究――社会性のきわめて高い彼の業績には限界がないかのようです。ちなみに、核爆弾は地上より空中で炸裂する方が破壊効果が大きいことを計算で示し、アメリカ空軍はこれを広島・長崎に投下した原爆に採用しました。世界の核保有国はみなこの事実を知っているはずです。

しかしかくも巨大な業績を残したフォン・ノイマンの晩年は悲惨でした。おそらくは鎖骨に発生したがんが全身に広がり、ついに彼の精神は崩壊寸前となりました。これほどの頭脳をもち、完全な不可知論者と見られていた彼が死の恐怖におびえ、最後は牧師を呼んで慰めを求めながら息を引き取ったのです。まだ53歳でした。

数学は単にそれだけでも、ある人々にとってはゲーム的な面白い世界です。そして別の人々には、社会人の常識として知っておいたほうが好都合な分野でもあります。筆者はついつい天才的な数学者と呼ばれる人々の行動や精神構造、フォン・ノイマンのような現実社会への巨大な影響力のほうに目が行きがちになりながら本書を書きました。筆者Bは筆者Aの生真面目さに支えられて、あまり横道にそれずにこの冊子を共著することができたと思います。

この社会は、どこまでも生真面目な人間、奇矯な行動とともに生きる人間、観察や分析をせずにいられない人間など、異質な者たちの寄せ集めで成り立っています。読者にそんな背景の中でこの数学本が生まれたことを感じとってもらえれば、筆者はただ感謝するのみです。

2022年遅い秋　2人の筆者のひとり

第1章
数学はじめの一歩

Mathematics Chapter 1

「微分」という数学

“変化”を理解する最強の武器

高速道路は微分の産物

「微分」という数学は実生活で何の役に立つのか、と疑問を抱く人は少なくない。しかしそれは大きな誤解だ。微分はわれわれの日常生活に深く、当然のように浸透しているからである。

たとえばわれわれが車で高速道路を走ると、それはしばしば「微分の上を走る行為」となる。というのも、高速道路のカーブは微分を用いて設計されているからだ。

高速道路では多くの車は時速100㎞前後で走行する。もしその中の1台が急にスピードを落とすと後続車は急ブレーキをかけることになり、追突や玉突き衝突を起こしかねない。とりわけ何本もの道路が方向を変えたり合流したりするジャンクションでは道路は大きくカーブしている。こうした場所で不用意に急ブレーキをかけると車の流れを乱して渋滞を引き起こしたり衝突事故につながったりする。

そのためジャンクション付近の道路はたいてい微分計算によって設計される（**図1**）。次から次へとやってくる車の列が追突したり渋滞を引き起こしたりせずにスムーズに流れるように特異なカーブになっている。ここで特異なカーブというのは“曲がる角度の変化のしかた”が特異ということだ。

一般の交差点では車はブレーキを踏んで減速ないし一時停止し、前方の道路の車の流れを確認しながらゆっくりと目的の道路に合流する。しかしこの方式では交差点の通過や合流に時間がかかるため、車の流れが滞って渋滞を引き起こす。このような設計を高速道路に採用するわけにはいかない。

高速道路では、このような減速による渋滞は一般道に比べるとはるかに起こりにくい。というのも、高速道路のジャンクションでは合流する道路が一定の曲率（**注1**）でカーブを描いており、速度をあまり落とすことなく通過できるからだ。ドライバーはわずかなハンドル操作でなめらかに通過することができる。実際には高速道路のカーブは、ジャンクションだけではなくインターチェンジなどの合流点などでもたいてい微分を使って設計されている。

こうした場所の曲線を微分すると、それは「曲率の変わり方（傾き）が一定の直線」になる（**図2**）。対して一般道の交差点では、その曲がり方を微分するとたいていは急に飛び上がって次には急降下する曲線になる。

身のまわりで見かける微分問題

微分を一言で言うなら、「曲線上のある点の変化の大きさ（変化率）」のことだ。別の言い方をするなら、曲線上のある点に接する直線（接線）を引いたときの線の傾きである（11ページ**コラム2**）。

こうした微分の手法を考え出したのは、16世紀フランスの数学者ピエール・ド・フェルマー

微分とは
ある点の“変化率”
=接線の傾き

直線は
スピードアップ

カーブは
ゆっくり

注1／曲率▶曲がり方の度合い。道路の曲率は一般に、円弧の半径Rの逆数で示されRが大きいほどカーブはゆるやか。

図1 ⬇高速道路のインターチェンジでは、曲率がしだいに変化する「クロソイド曲線」(左下の緩和曲線)を採用している。これは岡山県の水島インターチェンジの空撮。 写真／国土地理院

写真／Cassiopeia

図資料／ikaxer

図2 クロソイド曲線

⬅道路のカーブを円弧にすると、曲率が急激に変化するため、急ハンドルを切らなくてはならず危険。これに対し、曲率を徐々に変化させて円弧に接続すると、なめらかなハンドル操作が可能になる。

作図／十里木トラリ

とされている(次ページ**図4**。**注2**)。彼は考えていた――放物線などの曲線について特定の点の接線の傾きを求めるにはどうすればよいか?

彼はまず曲線を小さく区切った。するとその両端の2点間を結ぶ直線の傾きは容易に求められる。ついで2点間の距離をどんどん短くして0に近づけていく。そして距離が限りなく0に近づいたときの直線の傾き――

豆知識 曲率がしだいに変化する曲線は「クロソイド」と呼ばれる。ギリシアの女神クローソーの紡ぐ"運命の糸"にも似ているためという。

それがある点の接線の傾きであることを発見した。これはすなわち、各点で曲線がどう変化するかを示すこと（＝微分すること）になる。

　だが、同時代のルネ・デカルト（**図5**）などの数学者はこの見方を批判した（**コラム1**）。哲学者として有名なデカルトだが、近代的な「座標」の発明など数学や物理でも足跡を残している。当時は自然科学と哲学は不可分であり、デカルトも自然科学を研究するうえでの哲学を論じた。

　フェルマーの手法に対する彼の不満は〝限りなく0に近い値〟なるもの、つまり「無限小」がいったい何を意味するかにあった。距離がしだいに短くなって最終的に0になるなら、数学はそこで破綻するであろう。なぜなら、数学ではどんな数も0で割ることはできないからだ。それを許せばどんな演算（計算）でも可能になってしまう（**注3**）。

　この問題は数学者の間で長らく問題になっていたが、いまではそれは距離0ではなく、ある数式が最終的に達する値、つまり「極限値」として理解されている。たとえば双曲線（36ページ参照）がしだいに1に近づいても、決して1には達しないようなものだ。

図3 ➡20世紀前半に設計された雨量計。容器内の水位を測定することで降水量を計測する。スペインで80年以上にわたって利用された。
資料／Ramon Jardí i Borràs (1927)

変化の中の一瞬を切り取る

　微分はわれわれの日常生活のあちこちに現れる。たとえば雨の強さ。「午前7時10分現在、この地域では20ミリの豪雨になっています」とは何を意味するか？

　1時間の降水量が20ミリなら、雨を1時間容器にためたときの水面の高さが20ミリということだ。だが午前7時10分には激しい豪雨でも、その10分後には傘で外出できるほどに弱まっていたりする。では7時10分ちょうどの雨の強さをどうやって知るのか？

　もちろん非常に短い時間を区切って雨をためては捨て、各時間ごとの降水量を測ってもよい。だがほんのわずかな雨を精確に測ることは難しい。むしろ同じ容器に雨をため、しだいに増えていく降水量（累積降水量）を時間ごとに計測する方が簡単だ（**図3**）。この累積降水量を時間変化に対するグラフとして描き、たとえば午前7時10分の降水量

注2 ▶ ただし「微分は変化率で積分は変化量」という見方を提出したのはニュートンとライプニッツ。12ページも参照。

column 1

フェルマー vs デカルト

　17世紀フランスの２人の数学者ピエール・ド・フェルマーとルネ・デカルトは対照的であった。

　デカルトは職業軍人、後に王族の教師を務める物堅い人物であり、数学や自然科学の幅広い領域を考察した『方法序説』なる大部の書を残している。

　対するフェルマーは法律家で詩人、著書もなく、本の余白への書き込みや手紙でしか業績が残っていない。彼の悪癖は、自分の解いた難問を数学者に送りつけて楽しむことだった。フェルマーはあるとき、発表前に入手したデカルトの著書中の「屈折の理論」の推論が間違っているとして「闇で手探り状態」と酷評した。逆にデカルトは、接線の傾きを「極限」を使って求めるフェルマーの手法を痛烈に批判し、両者の対立は決定的になった。

図4 ⬆フェルマーは有名な「最終定理」を書き付けた本に「私は真に驚くべき証明を見いだしたが、それを書く余白がない」と人を食ったようなコメントを残した。

図5 ➡デカルトは晩年スウェーデン女王に招聘されたが、早朝から始まる講義と寒冷な気候で体調を崩し、肺炎で死んだ。

微分の考え方

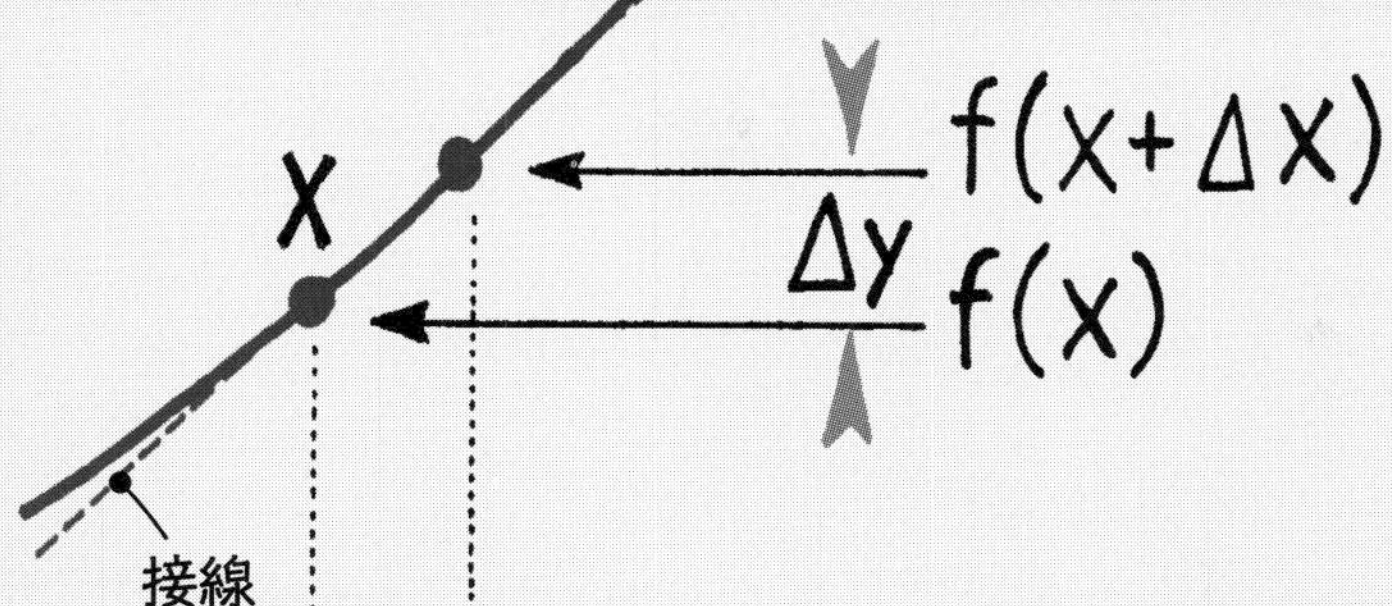

各点の“変化率”を求めるのが微分。左図の曲線上の２点を直線上で結んだときの傾きは下の式のように表せる。ここで、Δxを０にかぎりなく近づけると、各点の接線になる。

デルタｙ

$$\text{傾き} = \frac{\Delta y}{\Delta x} = \frac{y\text{の変化}}{x\text{の変化}}$$

デルタx

xの変化 $x \rightarrow x+\Delta x$

yの変化 $f(x) \rightarrow f(x+\Delta x)$

$$\frac{f((x+\Delta x)-x)}{\Delta x}$$

例

$y=2x^2$の微分を求めるには、上と同じように考えて、下の式をつくる。

$$\frac{2\times(x+dx)^2-2x^2}{dx}$$

$$=\frac{2x^2+4x\cdot dx+2dx^2-2x^2}{dx}$$

$$=\frac{4x\cdot dx+2dx^2}{dx}$$

式を展開して整理すると$4x+2dx$となり、dxを０に近づけると、答は$4x$となる。

注／一般に、Δは差分、ｄは微小差を示す。

の微分を求めれば、それがこの瞬間の雨の強さとなる（**注４**）。微分は〝変化の中の一瞬〟を切り取る手法だ。

だが、微分はどんな場面でも利用できるわけではない。微分の対象は連続している現象に限られる。図でいうなら、グラフの線が途中でとつぜん途切れている部分は微分できない。だが自然界ではそのような不連続現象はまれなので、逆に不連続であることに別の意味を見いだせることもある。

微分は自然科学の世界ではきわめて重要な数学的手法だ。それは、ある自然現象がどう変化するかは、現象が起こるしくみに直接かかわるためだ。たとえば風速や太陽の放射エネルギーの変化モデルを微分を含む方程式（微分方程式）としてつくり、それと観測で得られた値とを比較するなどは、自然科学では常套的手法である。

棚からものが落ちる現象も、地震波が弱まっていく（減衰）様子も、微分を使って書き表すことができる。ニュートンが自身の力学でおそらく用いたように、太陽をめぐる惑星の軌道運動も微分によって理解される。われわれが自然界のなにがしかを理解できているとすれば、それは微分に負うところも大きいのだ。●

注４ ▶瞬間的な雨量や短時間の雨量でも、１時間あたりの雨量に換算されて発表される。なお気象庁の雨量計は転倒ます型と呼ばれ、0.5mm分の降水量がます内に貯まると、ますが傾いて電気信号を発するしくみ。

注３ ▶等式は両辺に同じ演算を加えても等しいまま。だが、たとえばa＝bという数式の両辺に（a－2b）を足し、さらに両辺を（a－b）で割ると2＝1という意味不明な式になる。これは（a－b）が0であるため。このように0で数式を割るとどんな数式も成立してしまう。

「積分」という数学

物理学はここから始まる（微分とともに）

ベテルギウスの爆発迫る？

いま世界各国の天文学者が注意深く見守っている星がある。「冬の大三角」の一角をなすオリオン座のベテルギウス（**図2、3**）、地球から650光年前後の距離にある。星の一生の最終段階に入ったこの星はこの数年、奇妙な挙動を見せている。その挙動の変化は地球からの数学的手法、たとえば「積分」によって追跡されている。

ベテルギウスは、われわれの太陽の16～20倍もの質量をもつ巨大な恒星である。すでに星の青壮年期、すなわち水素を核融合反応で燃焼して自ら輝く時期は終わり、いまでは星の外層が非常に大きく膨張して「赤色超巨星」となっている。ベテルギウスはもともと明るさ（光度）や大きさ（直径）が変化する「脈動星」だが、数年前から急激に光度が低下した。

星の光度（＝放射エネルギーの強さ）を求めるには積分が不可欠である。というのも、星はさまざまな波長（＝色）の光を放っているが、光度を求めるには、それらの波長のすべてを単に〝細かく〟ではなく〝無限に細かく〟区切る必要がある。こうして区切ったうえで、すべてのエネルギーを合計したときにはじめて星の真の光度を導くことができる。この「無限に細かく区切って」「すべてを合計する」手順が、積分の基本だ（**注1**）。

ベテルギウスの光度がいちじるしく低下したのは、星が死に向かう前の大爆発「超新星爆発」（14ページ**注2**）の前兆と見る向きもあった。だが最近では、この天体は大量のガスを放出しており、その結果暗く見えるようになったと推測されている。

いずれこの星は超新星爆発によって最期を迎える。そのときの爆発エネルギーは、われわれの太陽が一生の間（100億年前後）に放出するエネルギーの合計に相当するともいう。この目もくらむほどの巨大なエネルギーを超新星爆発はほんの10秒ほどで放出する。そして、その爆発エネルギーもまた積分によって求められる（**コラム1**）。

ニュートンとライプニッツの先権争い

積分の基本的な考え方は古代ギリシア時代にすでに存在した。

たとえば不規則な形の池の面積はどのくらいか？　それを求めるために古代ギリシア人は、池をいくつもの3角形や長方形に分割した。これらの図形は底辺と高さがわかれば面積を計算できるので、その結果を合計して池の面積を出す。

もちろん池の形と図形がぴったり合うわけもないので、算出される面積は近似値にすぎない。より精確に面積を計算するには、池をつくっている水辺の線まで、図形がおおっていない部分により小さな図形を当てはめていく（14ページ**コラム2**・取り尽くし法）。つまり積分と同様、図をより小さくした上ですべて合

図1 ⬅⬆微分と積分を発明したニュートン（左）とライプニッツ。当初は敬意を込めた手紙を交換していたが、後に熾烈な先権争いをくり広げた。

注1／▶通常の観測では、一部の波長の強度をもとに関係式から光度を導く。

ベテルギウス

図2 ⬆オリオン座のベテルギウスは、星の一生の最終段階に入り、10万年以内に超新星爆発を起こすとみられている。　写真／NASA / GSFC & Michigan Tech. U.

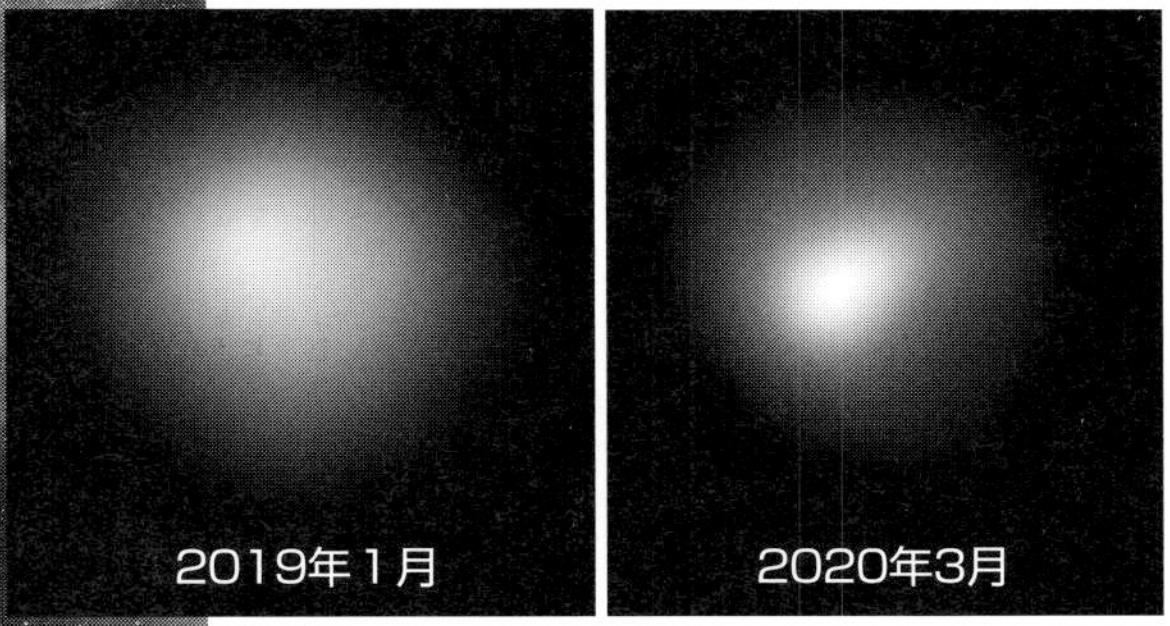

2019年1月　2020年3月

図3 ⬆赤色超巨星ベテルギウスは2019年後半〜20年はじめにいちじるしく減光し、超新星爆発の前兆かと疑われた。　写真／M. Montargès et al./ESO

column 1 超新星爆発のエネルギー

超新星爆発では膨大な量の光や粒子が放出される。だがわれわれは、時間的にも空間的にもそのほんの一部しか観測できない。そこで多くの場合、観測データ（光のスペクトルの時間的な積分など）に加え、爆発前後の質量の比較、超新星爆発の理論などを合わせて爆発エネルギーを計算する。

しかし近年、超新星爆発では「ニュートリノ」（物質をほぼ通り抜ける非常に軽量な粒子）がほとんどのエネルギーを運ぶと見られるようになった。そこで、観測されたニュートリノのエネルギー分布とそれを時間で積分した結果をもとに、超新星爆発のエネルギーを見積もることもできそうだ。

積分とは　f(x)の総和

$$\int_a^b f(x)\,dx$$

エフエックス　ディーエックス

＊一般的な読み方

インテグラルaからb

記号の意味

$f(x)$：xの関数＝yの値

dx：かぎりなく0に近づけた長方形の幅

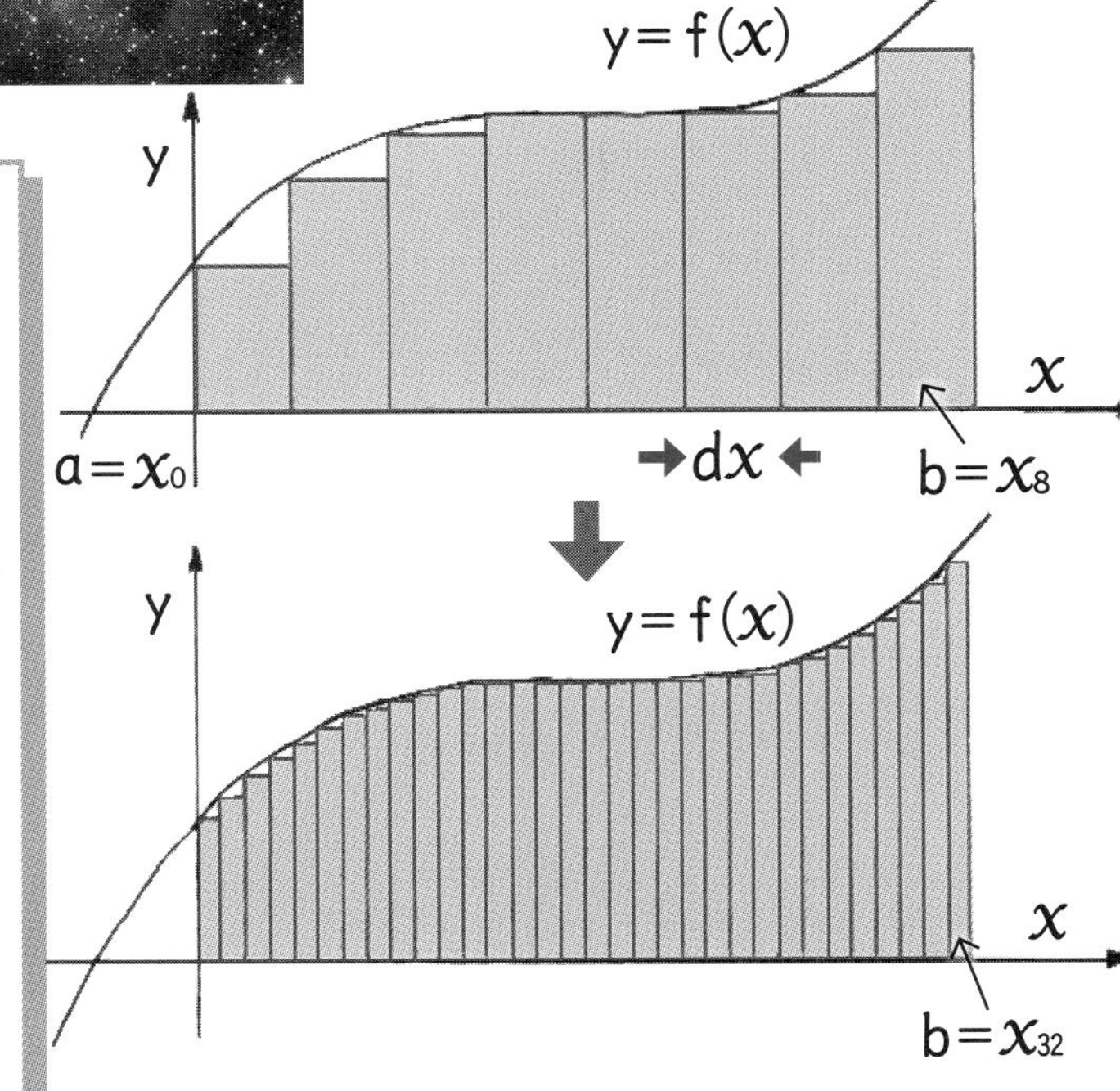

図5 ⬆積分の考え方。①内部を多数の長方形で区切り、それらすべての長方形の面積の総和を求める。②その幅をしだいに狭め、最終的に0に近づける。

⬇一般に、乗り物の走行距離は（速度×時間）と表記される。だが、サイクリングでは速度は一定ではなく、疲労度や道路の状況によってこの図のように速度がさまざまに変化する。この場合は積分を用いれば、走行距離を面積として求められる。

走行距離

走行時間 ⟶

➡水の流れ方が多いか少ないかを示すのが「微分」（流率）、容器に貯まった水の量が「積分」（流量）。両者は「逆演算」の関係にある。

上下イラスト／十里木トラリ

計したのだ。

16〜17世紀になるとこれより洗練された手法が登場した。面積を求める対象も池ではなく、座標上の曲線の特定区間の面積に移った。この場合の解決法のひとつは、曲線の内部を長方形で区切っていき、その幅をしだいに狭めていくというものだ（前ページ**図4**）。微分と同じように幅を〝限りなく0〟に近づけていけば、より精確な面積を計算できる。

だが、積分の〝本質的な意味〟を見いだしたのは、17世紀のアイザック・ニュートン（それにドイツのゴットフリート・ライプニッツ）とされている（12ページ**図1**）。このときニュートンは、「曲線内の面積はどのくらいか?」ではなく「曲線はどう変化し、その内部の面積はどう増えるか?」と問うた。

ニュートンは変化を「流率（流量率）」と呼び、流率が積み重なった量を「流量」と呼んだ。たとえば風呂の湯船の中に湯が蛇口から少しずつ出るか勢いよく流れ出すかを示すのが流率。他方、湯船にたまった湯の量は流量となる（図5）。ニュートンは、流率とは「〝最小の単位時間〟に生じる流量の増加」と定義した。これはいまで言う微分、すなわち変化の量を「無限小」で割ったものであり、「変化率」と言ってもよい。他方、流率をすべて合計すれば「流量」となり、それはすなわち積分を意味する。

ニュートンとライプニッツの功績は、微分と積分（微積分）がこのようにかけ算と割り算のような関係にあること、すなわち「逆演算」であると気づいたことだった。流率を積分すれば流量になり、流量を微分すれば流率になる。別の例で言うなら、自動車の速度を積分すれば移動距離になり、移動距離を微分すれば速度になる（**図6**）。逆演算の関係が明確になったことで、微分と積分は物理学に不可欠の数学となった。

ちなみにニュートンとライプニッツはその後、微積分を発見したのは私だ、いや拙者だと言い争い、熾烈かついささか見苦

図6 流量と流率（微分と積分の関係）

$F(x)=3x^2$ ↓微分 $F'(x)=6x$

$F(x)=3x^2+a$（aは定数） ↑積分 $F'(x)=6x$

注2／超新星爆発 ▶ 太陽の約8倍以上の質量をもつ星は、内部の燃料を使い尽くすと最終的に大爆発を引き起こす。これが超新星爆発。その後に残った星の核は「中性子星」や「ブラックホール」といった超高密度の天体になるとされる。連星タイプの天体が超新星爆発を起こすこともある。

取り尽くし法

column 2

池の面積をどのように求めるか？　古代ギリシアの数学者は「取り尽くし法」を利用した。曲線内に3角形や長方形を内接させ、その隙間をより小さな図形で埋める。紀元前3世紀のアルキメデスはこの手法をより洗練させ、数列を用いて面積を求めた。

図7 走行距離の求め方

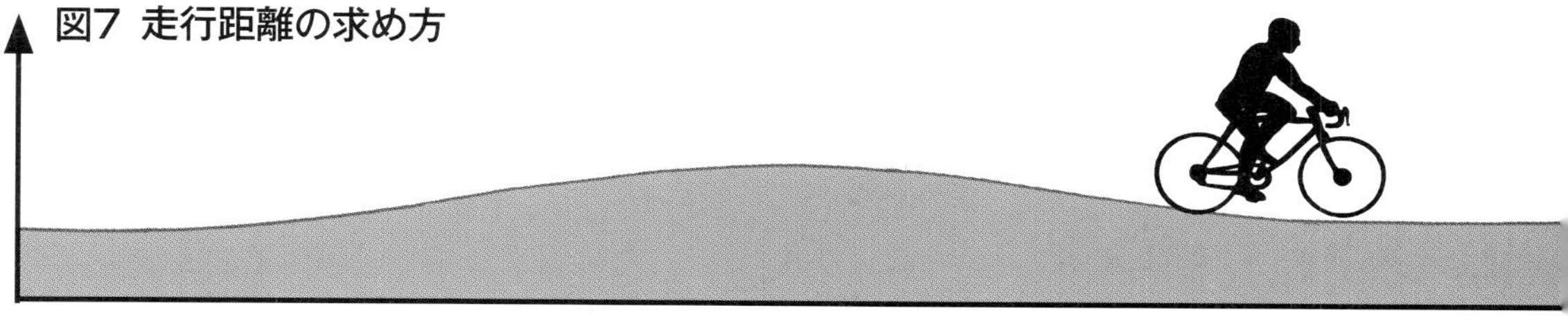

速度

図8 ガリレオとピサの斜塔

図9 自由落下速度の変化

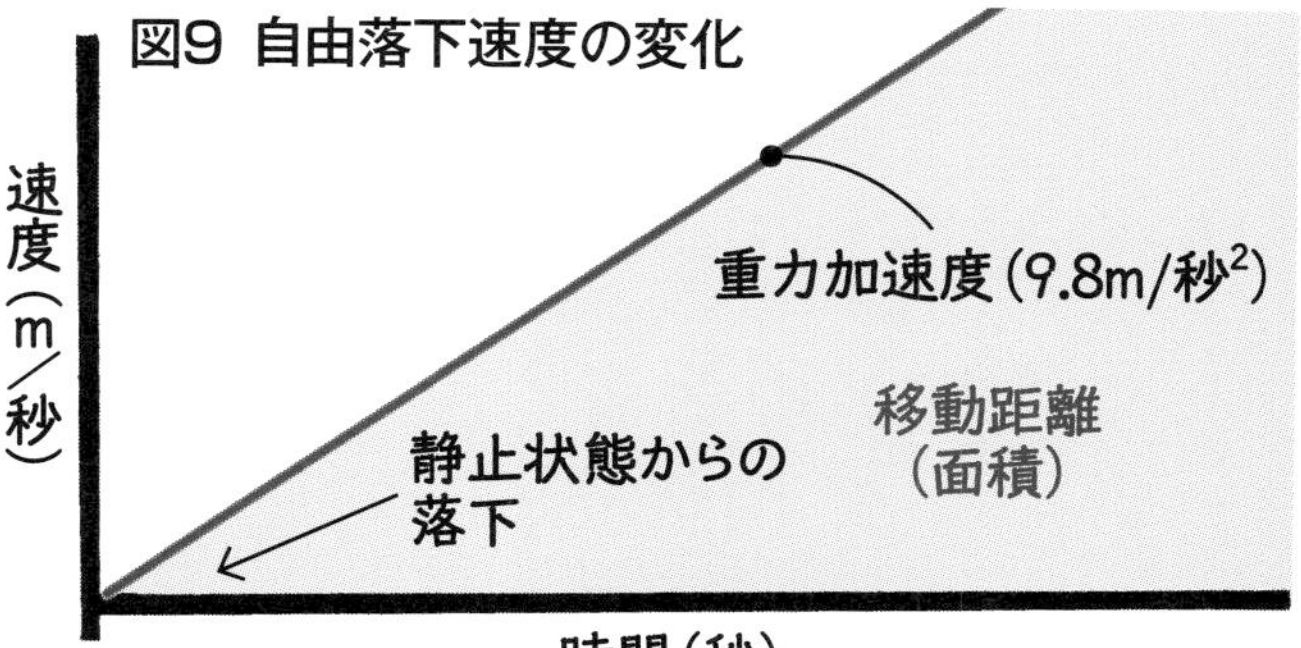

速度（m／秒）

重力加速度（9.8m／秒^2）

移動距離（面積）

静止状態からの落下

時間（秒）

⬅⬆ガリレオはピサの斜塔（左）で鉄球の落下実験を行った。上図は、時間に対する鉄球の落下速度。これを微分すると、重力加速度（直線の傾き）が求められる。他方、速度を積分すると、鉄球の移動距離がわかる。図の面積が移動距離を示す。

写真／Nikolai Karaneschev　作図／矢沢サイエンスオフィス

しい先権争いをくり広げたのである（**注3**）。

ピサの斜塔からの落下する速度

物理学で微積分が最初に顔を出すのはおそらく「物体の落下」に関してである。16世紀の物理学者ガリレオが実験したように、ピサの斜塔のてっぺんから鉄球を落とせば、鉄球は重力によって加速しながら猛スピードで地面に衝突し、地上にいくばくかの穴を穿つことになる（**図7**）。中学や高校ではこのときの速度や加速度について一連の公式を習う（かもしれない）が、これを微分と積分によって理解すれば、すべての公式を苦労して覚える必要はない。

この場合、物体の落下速度は重力×落下時間なので、時間に対する速度のグラフを描くことができる（**図8**）。すると、この速度を時間によって微分したものが〝加速度＝重力〟となり、また速度を落下時間で積分したものが〝移動距離＝ピサの斜塔の高さ〟となる。もっともこの程度の計算なら、微分や積分の計算をするより公式を覚えた方が早そうではあるが。

微分や積分がもっとも力を発揮するのは、速度や加速度のように、値が刻々と変化する事例である。たとえば自動車の移動速度、ダムの水位の変化、太陽の光度の変化、川底の浸食速度、粒子の加速、それに前出の超新星爆発などだ。微分と積分は物理学を理解するうえで欠かせない強力な武器なのである。●

注3／微積分の先権争い ▶ ニュートンは1666年頃に微積分を発見したが、長らく未発表。これに対しライプニッツは1684年に微分、86年に積分の論文を発表した。ニュートンは『プリンキピア』初版でライプニッツの業績を紹介したが、ライプニッツは後の論文でニュートンに言及しなかった。これを機に両者は険悪化、周囲の人間中心に中傷・非難合戦が続いた。

「数列」と「級数」という数学

天下人も落語家には及ばない

秀吉がだまされた数学

われわれの身近にはよくノートやコピー用紙がある。これらの紙製品の大半は、「規格」によってサイズが決められている。ノートはB5版が多く、コピー用紙はA4、B4、B5などが一般的だ。読者がいま手にしているこの本はB5版である。

こうした紙製品は規格の数学が大きいほど紙の大きさ（面積）が小さくなる。紙のサイズは単純な数学法則によって決められており、それら全体が「級数」になっている。級数とは、ある法則性によって数字を並べた「数列」の総和のことだ。

かの豊臣秀吉はあるとき、数列と級数を知らなかったばかりにひどい目にあった。仕組んだのは落語家の始祖ともいわれる曽呂利新左衛門（そろりしんざえもん）。秀吉のお伽衆（とぎしゅう）、つまり話し相手を務めていた彼はあるとき将棋で秀吉を負かし、褒美をねだった。「望みのものを申してみよ」と秀吉。そこで新左衛門は、「まず米1粒をいただきとうござる。そして2日目に2粒、3日目に4粒、4日目に8粒と、日ごと米粒の数を2倍にして、将棋盤のマス目と同じ日数（81日分）だけ頂戴つかまつりたく存じ上げまする」

――なんだそんなものか――秀吉は彼の望みをすぐに許した。ところがこれがとんでもない結果を招くことになった。

曽呂利に下賜（かし）する米粒の数は1日ごとに2倍になるので、初日から数えると1、2、4、8、16、32粒…すなわち2^0、2^1、2^2、2^3、2^4、2^5…と続く数列になる。これは2の「指数関数」でもある（28ページ参照）。ここでは日々の米粒の数が数列の「項」（＝要素、項目）にあたり、それまでの米粒の合計（＝各項の総和）が級数となる。

この数列では10日目でも米粒はたったの512粒、それまでを合計しても1023粒にしかならない。だが15日目に曽呂利に与える米粒は1万6384粒、20日目には52万4288粒となり、最終日の81日目には約1200兆粒のさらに10億倍と想像も絶する数にふくれあがる。天下人秀吉でもこんな褒美は払える道理がない。曽呂利が得るはずの米の総重量は今風に計算すれば約5400兆トンのさらに10倍、現在の全世界の米の年間収穫量（5億トン）を1億倍も上まわる。土星の衛星ミマス（直径約400㎞）の質量にも匹敵する天文学的な数字だ。秀吉は情けなくも1カ月たたずして曽呂利に降参するしかなかった。

81日でも目のまわる数字だが、もしこの計算が81日をはるかに超えて続くなら、米粒の総数（＝級数）は無限大へと向かうことになる。どこまで行っても級数が「収束」（後述）しないこの状態を、数学では「発散する」という。

「収束」するか「発散」するか

しかしすべての級数が最終的に無限大になるわけではない。その一例が冒頭の紙のサイズ。これにはA版とB版があるが、それらは次のような国際規格に

図1 ➡ 曽呂利新左衛門（右）は、米1粒から始まり、前日の2倍量の米粒を毎日もらえないかと秀吉に願い出た…
イラスト／十里木トラリ

従っている。

A版なら最大サイズはA0で面積1平方m、その長辺を2等分し、面積を$\frac{1}{2}$にしたサイズがA1である（**コラム2**）。同様にA1を$\frac{1}{2}$にするとA2、その$\frac{1}{2}$がA3と、数が1増えるごとに面積は$\frac{1}{2}$になる。B版でもB0のサイズがA版と異なるだけでこの関係は変わらない。

これらの面積の変化を数列として見ると、1、$\frac{1}{2}$、$\frac{1}{4}$、$\frac{1}{8}$、$\frac{1}{16}$……となり、どの項も面積はそのひとつ前の項の面積の$\frac{1}{2}$に相当する。このような関係を「等比数列」と呼ぶ。

紙の規格の数列では各項はしだいに小さくなり、0に近づいていく。その級数もコラム2を見るとわかるように発散せず、最終的に2に限りなく近づく。これを級数が2に「収束」するという。

紙の規格にはよいところがある。それは、どんなサイズの紙を製造する場合も、目的のサイズに裁断、つまり切りそろえたときに、余った部分を別サイズの紙に転用できるので、廃棄すべき部分がほとんど出ないことだ。

ではこれと似て、しだいに小さくなって0に近づく数列の和はつねに収束するのか？ たとえば1、$\frac{1}{2}$、$\frac{1}{3}$、$\frac{1}{4}$…のように、各項の分母が自然数の数列がその例である。このような級数は奇妙にも、ついには発散する。その証明は読者にゆだねてみたい。●

1

$\sqrt{2}$

写真／Nekosuki

a

1

a

b

a

P

図2 ⬆折り紙で白銀比の長方形をつくる方法。①折り紙を対角線で折ってから開く。②頂点Pを折り目に向けて折る。③頂点Pの位置で底辺と平行の直線を引く。④直線から上を切り落とす。

column 1 白銀比

正方形の辺1に対する対角線の長さは$\sqrt{2}$。折り紙を半分に折って直角3角形にすれば斜辺が$\sqrt{2}$となる。この1：$\sqrt{2}$ は「白銀比」と呼ばれ、古くからバランスのとれた美しい形とされてきた。法隆寺（上）の五重塔や金堂にも白銀比を見ることができる。紙のサイズもまたA版・B版とも長方形の短辺1に対し、長辺が$\sqrt{2}$である。

$$1:b=\sqrt{2}:1$$

column 2 等比数列と級数の求め方

図3

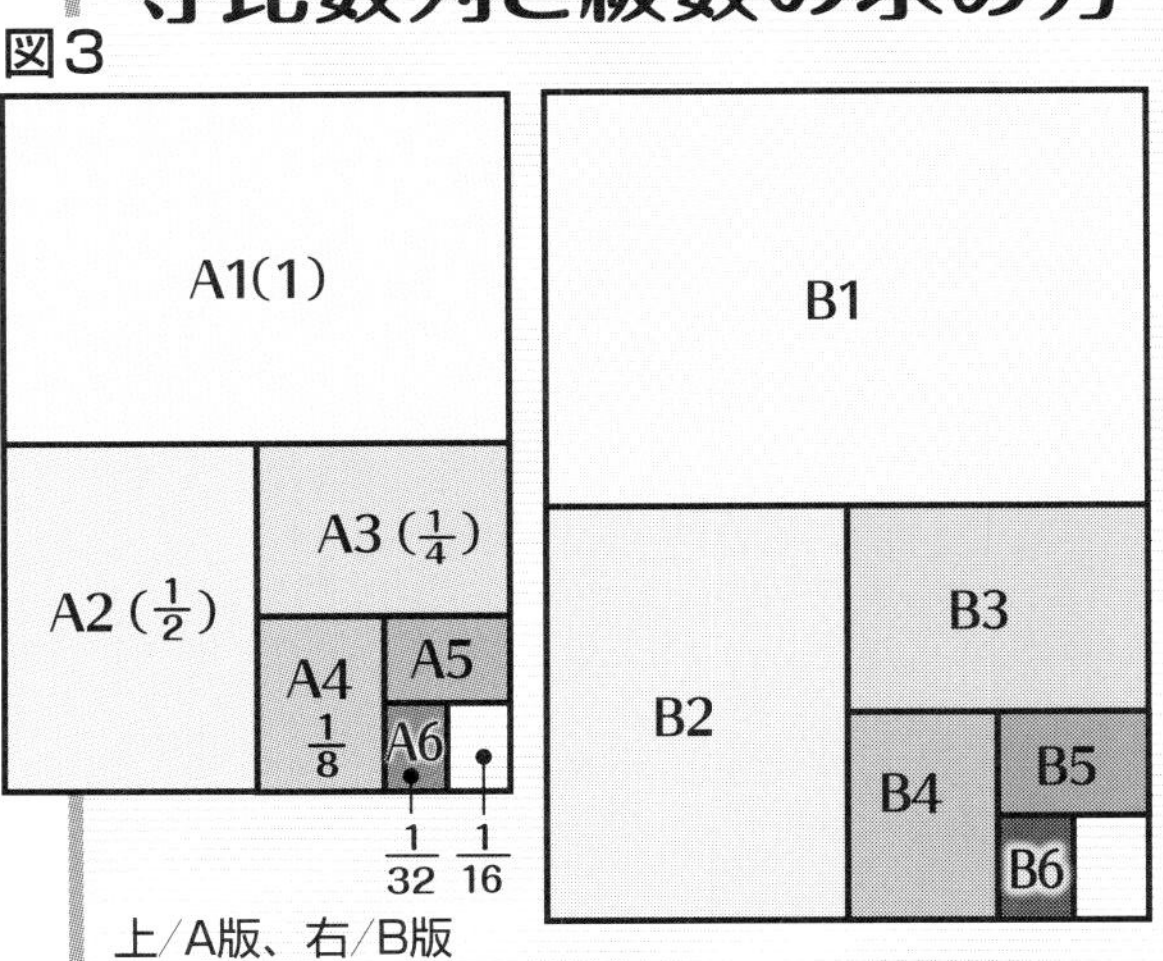

上／A版、右／B版

紙のサイズ規格は直前の項との比が$\frac{1}{2}$となる等比数列。その級数S（＝紙の面積の2倍）を求めるには、上の式の両辺に$\frac{1}{2}$をかければよい。

$$S=1+\frac{1}{2}+\frac{1}{4}+\frac{1}{8}\cdots$$

$$\frac{1}{2}\times S=\frac{1}{2}+\frac{1}{4}+\frac{1}{8}+\frac{1}{16}\cdots$$

上の式から下の式を引くと残るのは？

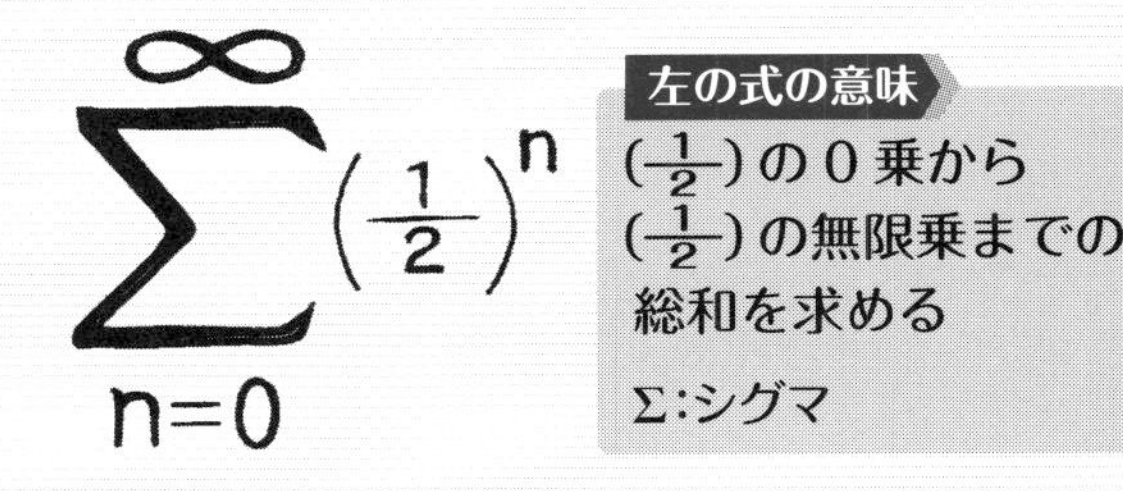

「幾何学」という数学
文明の始まり、科学の始まり

幾何学は最古の科学

幾何学は図形や空間の性質を研究する数学だが、これはまた、人類が開拓した最初の数学でもある。幾何学が生まれなかったなら、人間社会が文明と呼び得るレベルに到達することもできなかったに違いない。それはまた、幾何学が〝科学の始まり〟だったということでもある。

人間はなぜ幾何学的な見方をもつようになったのか？　それは、古代の人間たちが生きていくために、つねに自分をとり巻く自然環境をよりよく知る必要に迫られていたためだ。身のまわりの事物のさまざまな形、長さや高さや広さ、点や線や角度などとそれらの間の関係を〝目で見たように理解する〟必要があった。たとえばナイル川の周辺で生きていた古代エジプト人が、川の流域の肥沃な土地を開墾したり洪水を制御するために測量技術を発展させ、それが幾何学の誕生を導いたのは必然でもあった。

そして紀元前5世紀頃になると、それまで世界各地――古代エジプト、バビロニア、インドなど――に散在していたこうした幾何学的な知識を統合して体系化する人々が現れた。誰もが聞き知るピタゴラス（ピタゴラスの定理）やユークリッド（エウクレイデス。**図2**）などに代表される古代ギリシアの自然哲学者たちだ。

彼らの中でもとりわけユークリッドは、この時代にあって幾何学の基本的体系を完成させるという偉業を成し遂げた。彼は21世紀のいまになっても人々が容易に乗り越えることのできない「ユークリッド幾何学」を生み出し、〝幾何学の父〟と言われ続けている。

ユークリッド幾何学はどんな幾何学？

ユークリッド幾何学とは何か？　それは、ユークリッドが採用した条件（＝各5つの公理と公準。左ページ**コラム1**参照）に基づいた〝平面図形と立体空間の性質の研究〟のことだ。

ここで言う平面図形とは、0次元と1次元と2次元の形、つまり点や線や円、それに4角形や3角形などを指している。0次元というのは点のことで、単に位置や場所を指すだけなのでピリオド（・）で示される（**図3**）。

他方、立体空間とは3次元の空間、つまり幅と長さと高さをもつものだ。バレーボールのボールや地球などのような球体、ピラミッド体などはみな3次元の立体である（図3）。ユークリッド幾何学はこれらの性質を研究する数学ということになる。この幾何学をわかりやすく「平面幾何学」と呼ぶこともできる。

長い間、幾何学と言えばユークリッド幾何学のことであったし、いまでも一般的に幾何学と言えばユークリッド幾何学を指

図1➡古代エジプトでは毎年ナイル川が大氾濫を起こし、周辺地域に甚大な被害とともに肥沃な土壌をもたらした。上は9世紀頃、エジプトのローダ島の南端（右図矢印）に建造された「ナイロメーター」。聖職者は毎日この柱の目盛りでナイル川の水位を測定し、洪水の発生時期や規模を予測した。　写真／Baldiri　資料／M. Jomard/The New York Public Library

「幾何学」という数学

ユークリッドの公準

column 1

ユークリッドは著書『原論』の中で、礎となる5つの公理（証明なしで導入される命題）とそれに準ずる5つの公準を置いた。これらのうち第5公準のみは自明（証明なしで正しいとわかる）ではない。

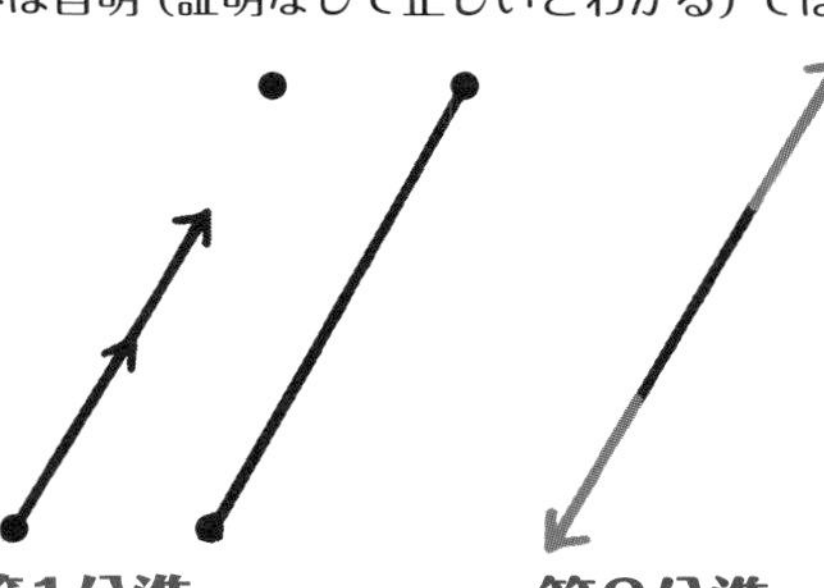

第1公準
任意の一点から他の一点に対して線分を引くことができる。

第2公準
線分を連続的にまっすぐどこまでも延長できる。

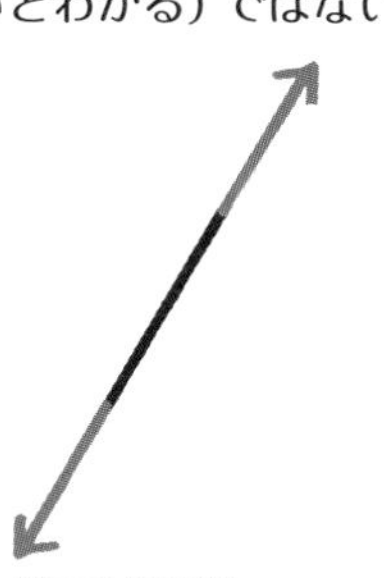
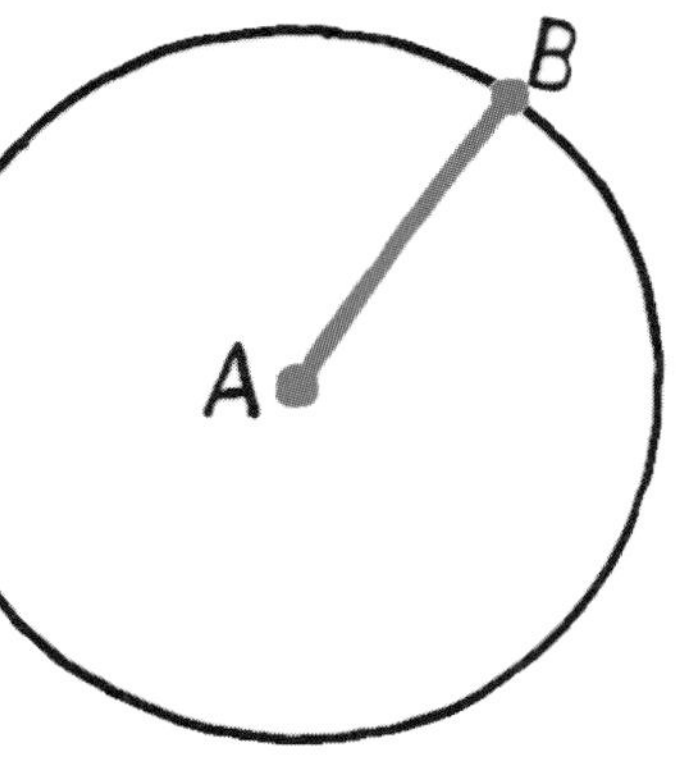

第3公準
任意の中心と半径で円を描くことができる。

図2 ⬆紀元前3〜4世紀頃、エジプトで活躍したユークリッド。当時の幾何学の集大成『原論』を完成させた。

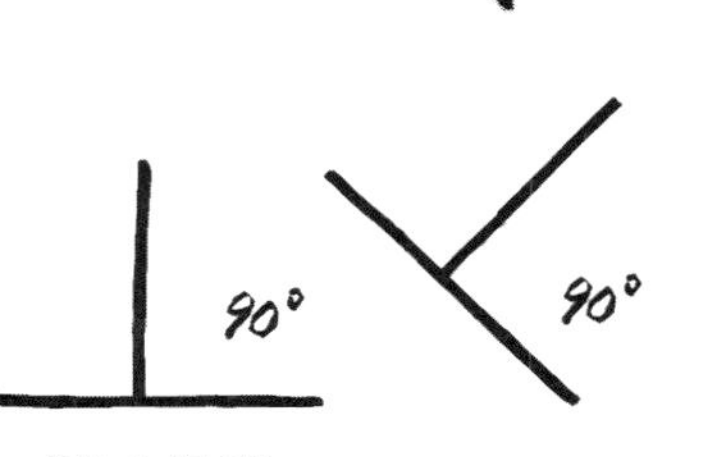

第4公準
すべての直角は互いに等しい。

第5公準
直線aが他の2本の直線b、cと交わるとき、その2直線は同じ側の内角の和が2直角（180度）より小さい側（1、2）で交わる。

ユークリッド的な次元

図3 ⬆0次元は面積のない点、1次元は面積のない直線、2次元は平面、そして3次元は立体的な空間。かつてわれわれの3次元宇宙はまっすぐでゆがみのないユークリッド的な空間だとみられていた。　写真・作成／矢沢サイエンスオフィス

していることが多い。

「非ユークリッド幾何学」出現す

だが、ユークリッドから2000年以上後の19世紀になると、一部の数学者が従来の幾何学には収まらない新しい幾何学（＝

図4 非ユークリッド幾何学

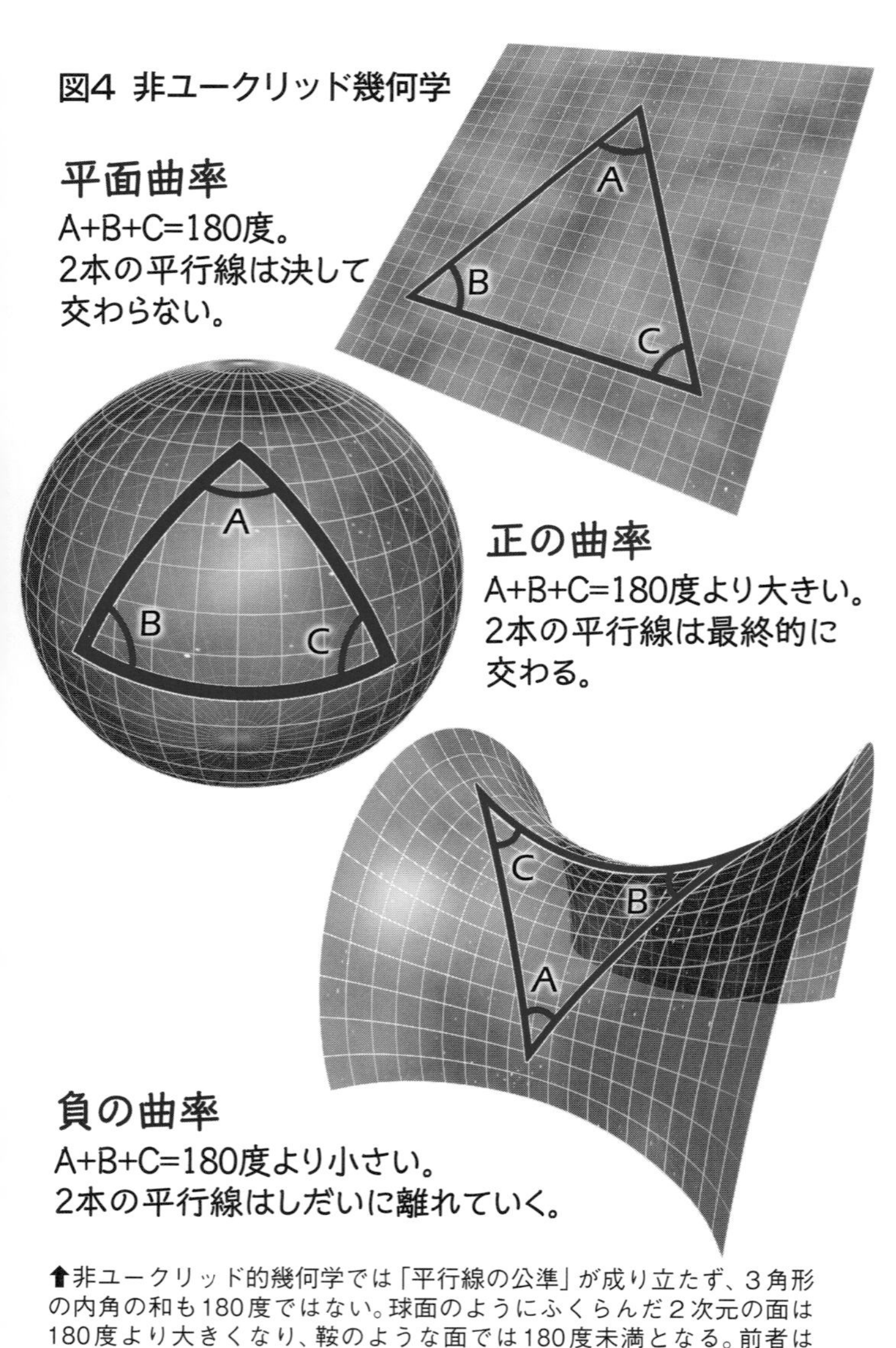

⬆非ユークリッド的幾何学では「平行線の公準」が成り立たず、3角形の内角の和も180度ではない。球面のようにふくらんだ2次元の面は180度より大きくなり、鞍のような面では180度未満となる。前者は正の曲率、後者は負の曲率をもつ。

作図／細江道義

2次元多様体 column 2

紙テープをひとつねじって端どうしを貼り付けるとできる「メビウスの輪」（**上**）は２次元多様体。

この輪には奇妙な性質がある。紙の表をたどっていくといつのまにか裏側に移動しているのだ。あらかじめ右回りの矢印をつけた小円を両面に書いておくと紙を貼り付けた部分では回転の向きが逆転する。ユークリッド的な２次元（平面）では決して見られないこうした性質は「向き付け不可能」と呼ばれる。

非ユークリッド幾何学）の研究を始めた。最初にこれに着手したのはハンガリーのボーヤイ・ヤーノシュ、ロシアのニコライ・ロバチェフスキーなどだ（**図5**）。

非ユークリッド幾何学とはその名のとおり〝ユークリッド的ではない幾何学〟、つまりユークリッド幾何学の基本ルールに合致しない幾何学のことだ。どこが合致しないのかといえば、それはユークリッドが提示した5つの公準のうちの5番目「平行線公準」である（前ページコラム1）。

非ユークリッド幾何学を一言で言うなら、ユークリッド幾何学が扱う点や線などの多様な形を〝非平面〟の上に、つまり平面でないところに置き換えたと仮定した場合の幾何学である。球面上に平面を載せる、あるいは昔の幻燈機で映し出すように〝投影する〟、というのがその典型例である（**図4**）。

こうして見ると、おおざっぱに言うなら伝統的なユークリッド幾何学は幾何学の基礎勉強、非ユークリッド幾何学はそれを現実世界に引き下ろした応用勉強と見ることができる。●

図５ ➡負の曲率をもつ面の幾何学を研究したボーヤイ（右）は、父を通して有名な数学者ガウスに成果を送った。だが返信にロバチェフスキー（左）がすでに同様の研究を発表していたうえ、ガウス自身も20年前に同じ成果を手にしていた（未発表）とあり、落胆した。

加減乗除の面白テスト

下の数式の・印に+、−、×、÷をそれぞれひとつずつ入れて、この式を完成させてください。ここでは、下のカッコ内の計算のように掛け算と割り算を優先するという加減乗除の一般常識は無視して、左側から順に計算します。答が10になればOKです。10以外の答を見つけたら、それはあなたが発見したのです。

$$4 \cdot 8 \cdot 3 \cdot 5 \cdot 3 = 10$$

$$+ \; - \; \times \; \div$$

$$(4+8-3\times5\div3=7)$$

⬅1877年に発明された計算機（ジョージ・グラント社のもの）。この改良型は1970年代まで使用されていた。図／Giuseppe Pastore, Macchine da Calcolare (1885)

（答は80ページ欄外）

「円周角の定理」という数学

古代数学者の定理を無意識で使う現代人

「円周角」とはどんな角度？

〝幾何学の定理〟と聞けば、多くの人がひとつかふたつは知っているに違いない。いつどこで覚えたかは忘れても、記憶に残っているとしたらどこかで学んだからであろう。

それらは、誰もが聞き覚えのある「ピタゴラスの定理」である可能性が高い（**注1**）。しかし記憶の中にそうではないもの、たとえば「円の直径に対する円周角は直角である」などというものが加わっていたなら、それはピタゴラスではなくタレースの定理である。タレースの定理は5つ（**注2**）あるが、ここで注目する前記の定理はその中のひとつだ。

タレースというのは紀元前6世紀頃のギリシアの哲学者——〝ギリシア七賢人〟のひとり——で、地面に棒を立ててその影の長さからピラミッドの高さを正確に推測したとか、日食の日を予言したなどのエピソードで知られる。

ここで問題にする「円の直径に対する円周角は……」という定理は、言い方を変えて「3角形のうち1辺の長さがその外接円の直径と同じなら、それは直角3角形である」と言っても意味は変わらない（**図1**）。さらにこう言っても同じだ——「円周上に3つの点（A、B、C）をとるとき、そのうちの2つ（B、C）を結ぶ線分が直径であるなら（=円の中心を通るなら）、∠BACは必ず直角になる」。表現の違いはそれをどの方角から見たかだけである。

タレースのこの定理がわかりにくいと感じるとしたら、それは「円周角」という言葉が耳慣れないからではなかろうか？

身のまわりにあふれる円と角度

円周角という語はたしかにわれわれの日常語とは言えないので混乱しやすいが、その意味は単純明快で、**図2**を見ながら「中心角」と関連づけて説明するとさらに理解しやすい。それは「中心角は円周角の2倍」というものだ。ひっくり返して「円周角は中心角の半分」と言っても同じだ。この記述はタレースから3世紀ほど後の超有名な数学者ユークリッド（エウクレイデス。19ページ図2）が、その著作『原論』第3巻命題20に残したものだ。

中心角とは、円中心から円周の2点に向けて適当に2本の直線を引いたときに生まれる扇形の要（かなめ）の角度（図2のθ（シータ））をいう。

他方、先の円周上の2点から、さらに円周上の別の点Pに直線を引く。するとPを頂点をする角が生まれる（図2のϕ（ファイ））。これが問題の円周角である。

古代ギリシア数学の集大成とも呼ばれる『原論』の記述によれば、「円周角は、円周上のある点とその円周が描く弧の両端とを結んだときにできる角度である」ということになる。ここで言う〝弧〟とは円弧（アーク）、

P
P
P

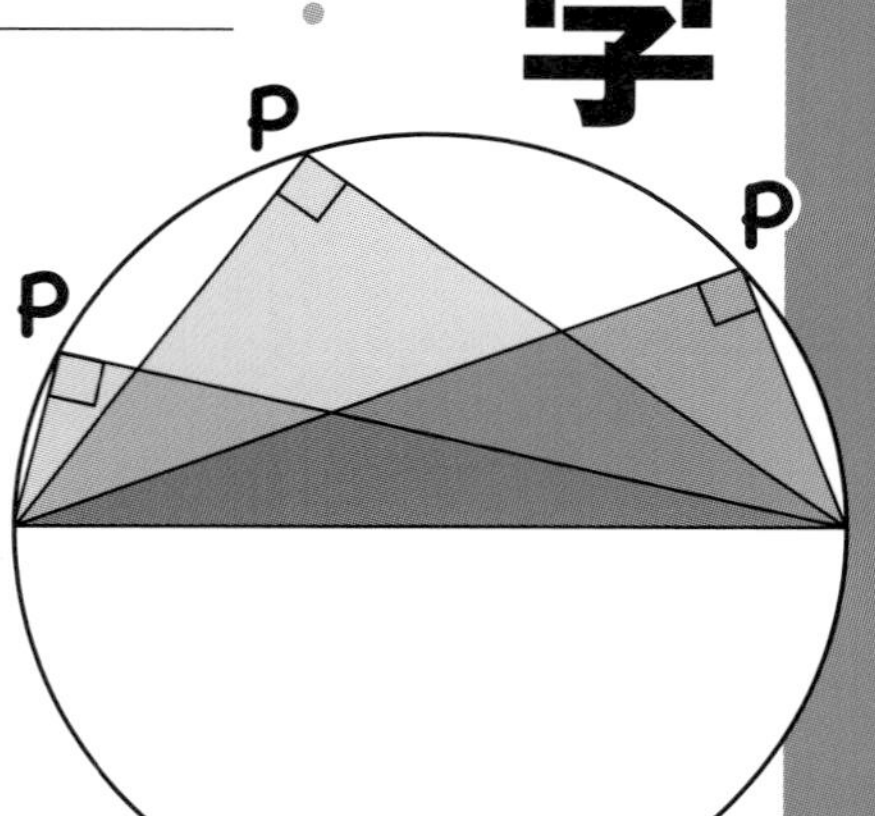

図1 ⬆タレースは、円の直径を底辺とし、頂点が円周上にある3角形は直角3角形であることを示した。図の点Pがどこに移動してもこれは成り立つ。

注1／ピタゴラスの定理 ▶直角3角形についての法則で、斜辺の2乗は他の2辺の2乗の和に等しいとするもの。$a^2+b^2=c^2$で示せる。この法則はピタゴラス以前にも知られていたため、「三平方の定理」とも呼ばれる。

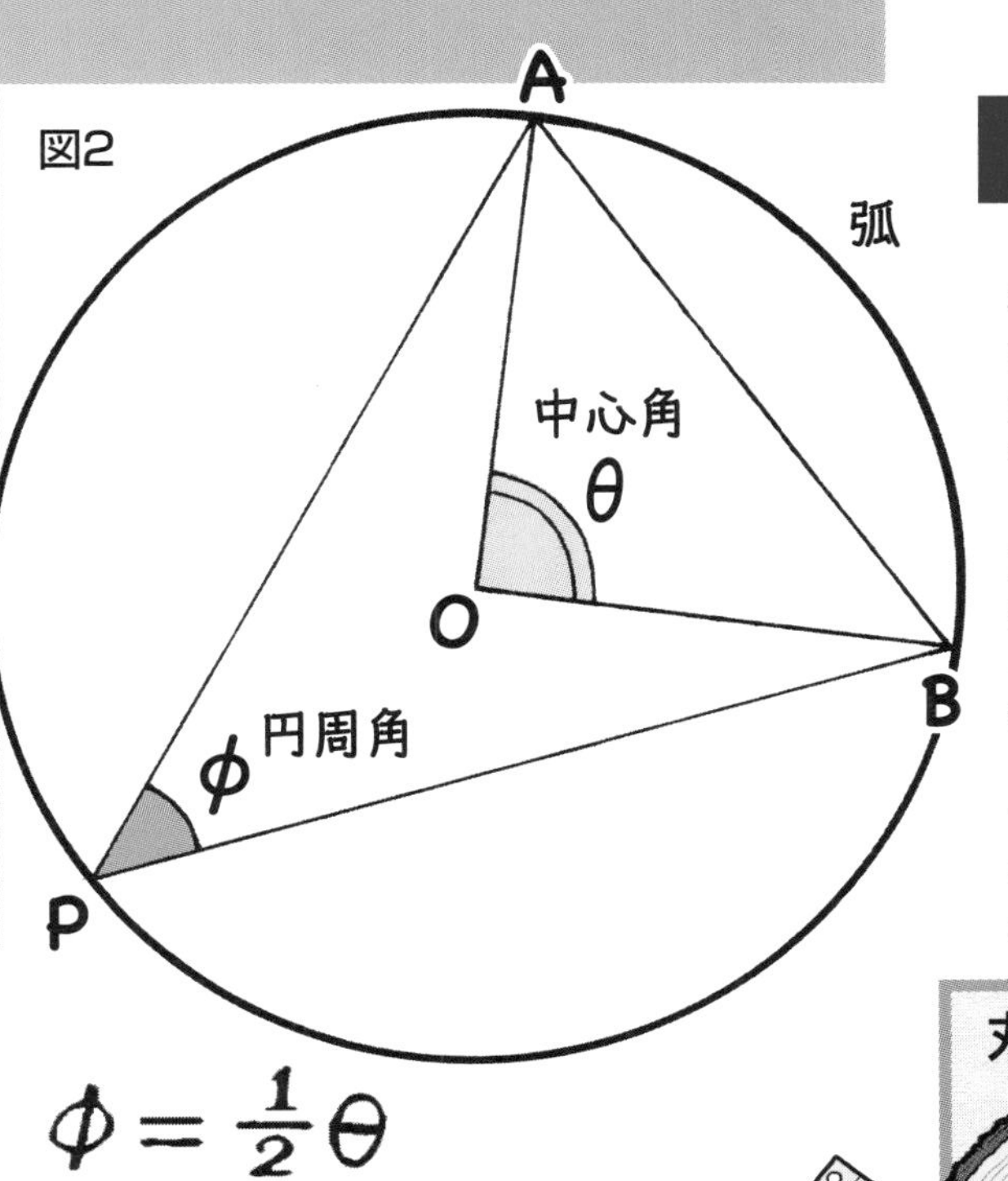

$$\phi = \frac{1}{2}\theta$$

$$\angle APB = \phi$$

「円周角の定理」の証明 column 1

「円周角の定理」は言葉にすると難しい。だが図にすれば一目瞭然だ。図のABからそれぞれ点Pにおろした２本の直線がつくる角度は、中心角の1/2に等しい。それは点Pがどこに移動しても同じであり、しかも中心角が180度より大きい外角でも成り立つ。

証明は「３角形の内角の和は180度」を利用すればきわめて容易。まず円の中心OからPに直線を引き、３角形を２個に分ける。これらはいずれも２等辺３角形。そしてOを頂点とする２個の３角形の頂角の和は（360度－中心角）なので云云かんぬん。

これはタレースの定理の証明とほぼ共通しているので、証明を完成させればタレースの気持ちになれるかもしれない。もっとも彼はしばしば問題に熱中しすぎ、井戸に転落したこともあるらしい。

column 2 ＊ 身近な事例

丸太を2分割

A
B
作図／細江道義

丸太をちょうど半分に割るにはどうするか？それには曲尺（かねじゃく）が便利だ。図のように曲尺を置いてAとBを結ぶ直線を引けば、それが丸太の直径となる。これは右ページの「タレースの定理」の応用でもある。

つまり円周上の2点をつなぐ曲線である。

すると先述のように、円周角の大きさは必ず中心角の半分となる。Pがどこに移動しようとそれは変わらない。ちなみにこの定理は「3角形の内角の和は180度である」と知っていれば、簡単に証明できる。

これらの定義にはいろいろな表現が用いられるが、誰がどう言おうと意味は同じなので、図を見て理解するのが近道だ。いずれにせよこの定理は、円が関係するさまざまな問題を解こうとするときに頻繁に顔を出す重要な法則とされている。

これでわかるように、ユークリッドの言う円周角は、冒頭で見たタレースの定理を包含し、さらに拡大したものだ。とにかくこの定理は、現代人が建築工学や機械工学、お父さんのDIY的日曜大工などで便利に使われそうであることがわかる。

われわれのまわりには円や角度があふれ、人間はそれらをうまく用いることに慣れてもいる。このような歴史を知らなくても、あらゆる建造物や自動車などの機械器具を設計製造する際に、円周角は縁の下の力持ちとなっている。

この定理を利用しながらもさしたる厳密さを必要としない場合——たとえば材木業者が材木を断面直径に合わせて2つに縦割りする（**コラム2**。ときには厳密さを要求されることもあるが）、さまざまな円と角度を組み合わせた奇抜なデザインを考える——などにも、円周角の定理から出発した幾何学が用いられている。2000年をはるかに超える歴史をもつ円周角は、数学の授業よりも現実生活においてのほうがはるかに出番が多いのである。●

注2／タレースの定理 ▶ 本文の定理以外は以下のとおり。①円は中心点を通る直線で2等分される。②2等辺3角形の2つの底角は等しい。③交差する直線の対頂角（右図）は等しい。④3角形の底辺と2つの底角が等しければ合同である。いずれも幾何学の基本となる定理であり、タレースはこれら以外にもいくつもの幾何学的法則を発見している。

「三角関数」という数学

社会いたるところに三角関数あり

三角関数が〝高度に専門的〟だって?

最近ある国会議員がインターネットで「高校で三角関数を教える必要はない」と発信し、批判を浴びたらしい。この議員によれば三角関数は〝高度に専門的〟なので、高校ではむしろ金融教育のような〝実学〟を学ぶべきだという。

だが三角関数は少しも専門的などではない。むしろ身近な数学のひとつであり、日常生活で広く応用されてもいる。たとえばわれわれが日々恩恵を被っている電力も三角関数で示される波(サイン波)をもち、GPSで車の位置を特定するシステムも三角関数を利用している。物理学にはたえず三角関数が顔を出し、土木建築、IT技術、金融工学、音響学などにも三角関数が現れる。もっと日常的な出来事でも、太陽の下で朝には自分の影は地上に長く伸び、日中には短くなり、夕方にはまた長く伸びるという現象も三角関数で簡単に理解できる。

サイン、コサイン、タンジェント

三角関数は「三角比」、つまり3角形の各辺の比率が出発点である。その歴史は古く、たとえば古代ギリシアの哲学者タレースの話がよく知られている。紀元前6世紀、彼はエジプト滞在中、人々にむかって「ピラミッドに登らずにその高さを突き止めてみせる」といささか大きく出た。その実演の日、どんな仕掛けが出てくるのかと見守っていた群衆は拍子抜けした。タレースはピラミッドの近くの広場に棒を1本立てただけだったからだ。彼はその影の長さを測り、翌日は同じ時間にピラミッドの影の長さを測った。だがそれだけで、ピラミッドの高さは147m(現在は10mほど低くなっている)とほぼ正確に言い当てた。いったいどんな原理を用いたのか?

タレースが広場に立てた棒とその影、それに太陽光は直角3角形をつくる。ピラミッドも同様に3角形をつくる(**図1**)。彼はこの2つの直角3角形が「相似関係」にあると知っていた。つまり形は同じで大きさのみが違う。とすれば、ピラミッドとその影の比は棒とその影の比に等しいはずだ。この単純な関係を使えば、影の長さからピラミッドの高さを逆算してはじき出せる。

この棒と影のように、直角3角形の2辺の比を「三角比」といい、現在でも土木測量などで用いられている。

ところで、同じ棒でも、夕方になって太陽が西に傾けば、当然影は長く伸びる。これによっ

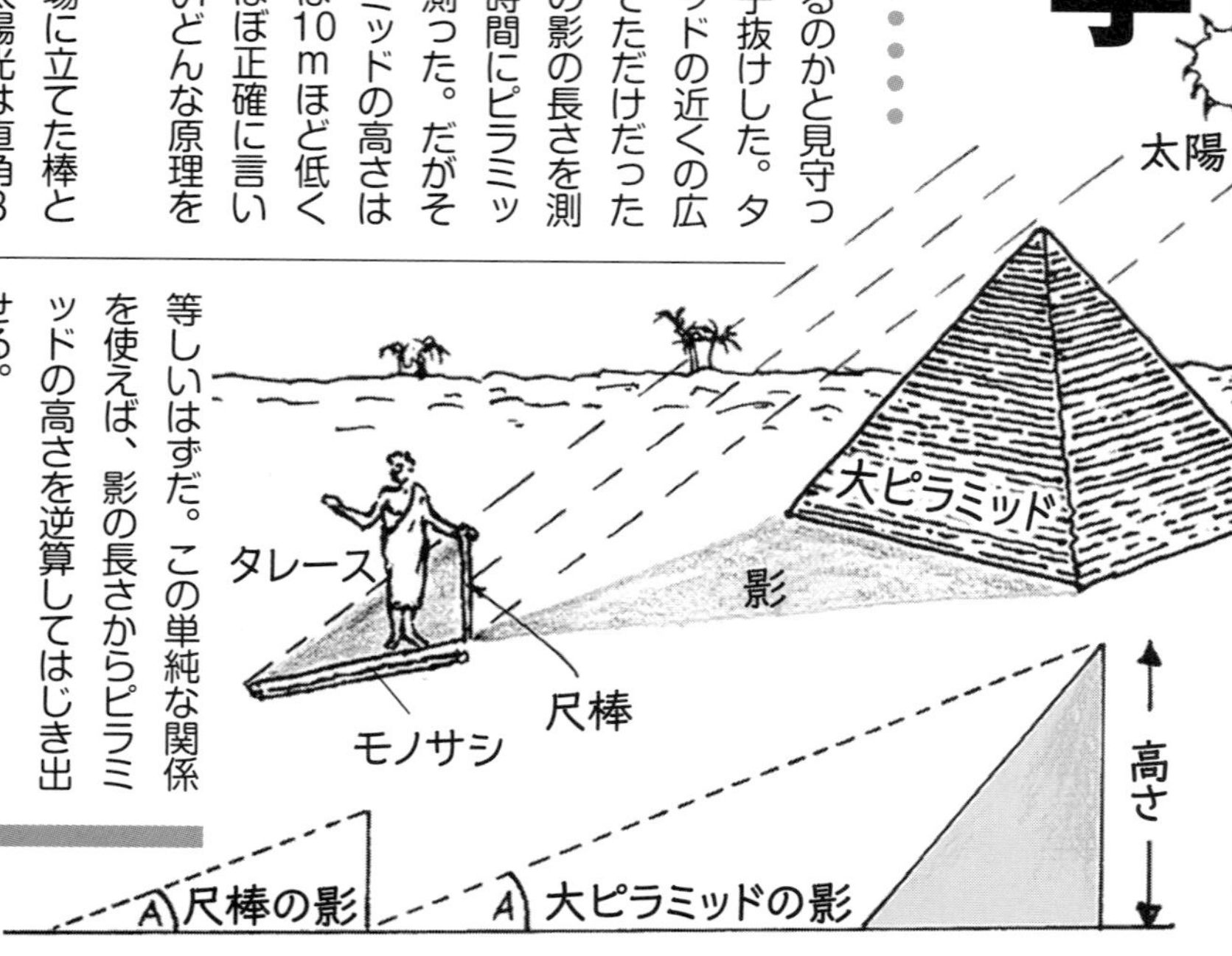

図1 ⬆タレースがピラミッドの高さを求めた方法。ピラミッドの頂点と影は3角形をつくるが、タレースはそれと相似の3角形を1本の棒とその影でつくり出した。この小さな3角形のタンジェント($\frac{高さ}{底辺}$)を求めればピラミッドの高さを逆算できる。

作図(左ページ上も)/十里木トラリ

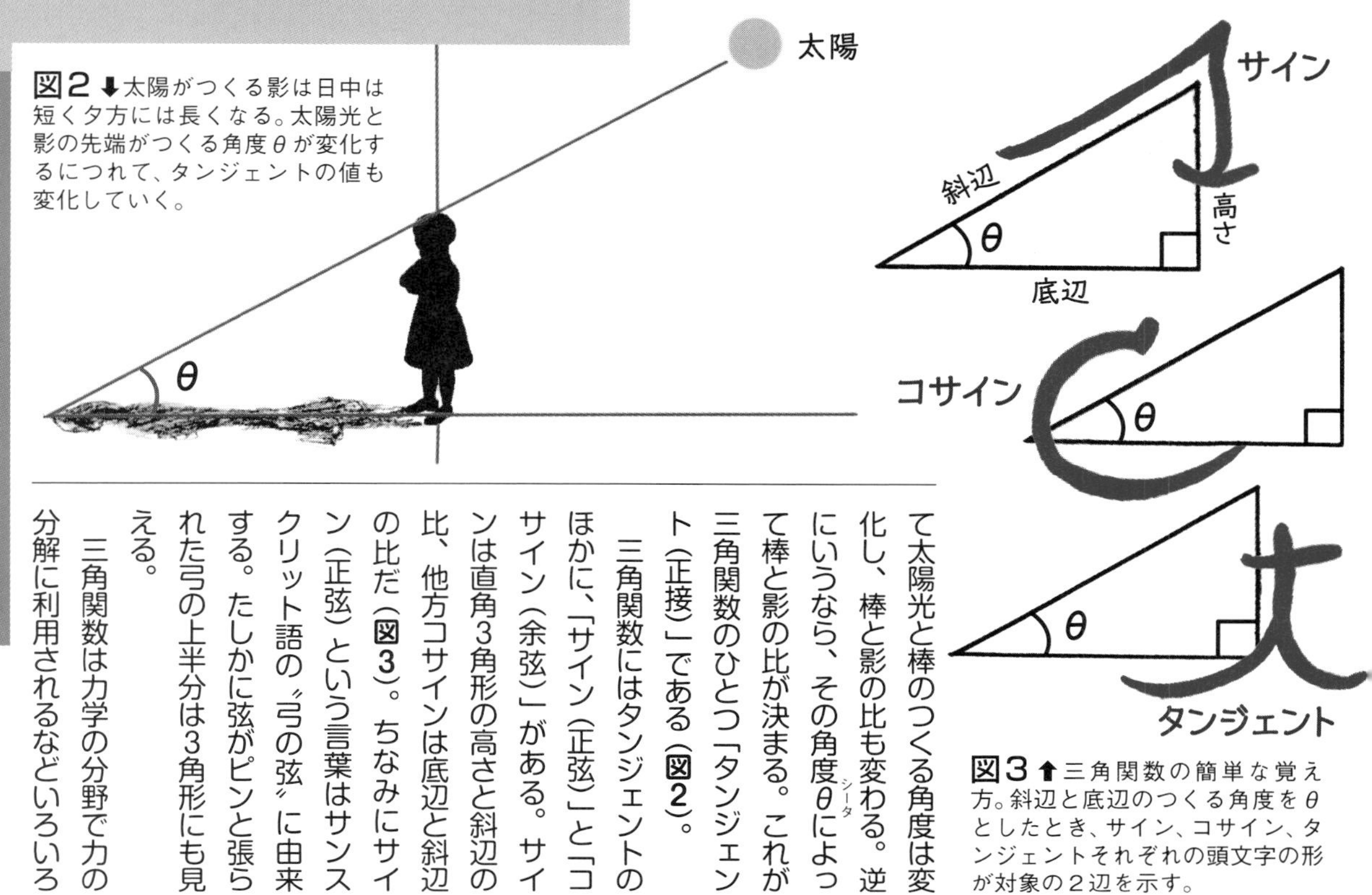

図2 ⬇太陽がつくる影は日中は短く夕方には長くなる。太陽光と影の先端がつくる角度θが変化するにつれて、タンジェントの値も変化していく。

図3 ⬆三角関数の簡単な覚え方。斜辺と底辺のつくる角度をθとしたとき、サイン、コサイン、タンジェントそれぞれの頭文字の形が対象の2辺を示す。

て太陽光と棒のつくる角度は変化し、棒と影の比も変わる。逆にいうなら、その角度θ（シータ）によって棒と影の比が決まる。これが三角関数のひとつ「タンジェント（正接）」である（**図2**）。

三角関数にはタンジェントのほかに、「サイン（正弦）」と「コサイン（余弦）」がある。サインは直角3角形の高さと斜辺の比、他方コサインは底辺と斜辺の比だ（**図3**）。ちなみにサイン（正弦）という言葉はサンスクリット語の〝弓の弦〟に由来する。たしかに弦がピンと張られた弓の上半分は3角形にも見える。

三角関数は力学の分野で力の分解に利用されるなどいろいろ有用だが、その真価はむしろ「波」で発揮される。

三角関数は〝3角〟ではない？

三角関数は〝3角〟という言葉に引きずられがちだが、3角形だけでなく円と関係が深い。三角関数は代数xを変化させるのではなく、角度を変化させる関数だからだ。角度の変化がわかりにくければ、棒が回転する様子を思い浮かべればよい。そこでは円が描かれる。

車輪や発電所のタービン、風車、観覧車などはいずれも回転するため、どれもそこに三角関数を見ることができる。たとえば観覧車のゴンドラのひとつを真横から眺めたとき、その上下の動き（高さの変化）は三角関数のサインの変化に相当する。このとき時間を横軸にとってゴンドラの高さを記録すれば、それはきれいな波を描く（**図4**）。これが「サイン波」である。

もっとも身近なサイン波は電力であろう。家庭に供給される電力は発電タービンの回転が生み出す交流電流であり、その電流や電圧の大きさは図4のようなサイン波で表される。交流電源が東日本では50ヘルツ、西日本では60ヘルツというのはタービン発電機の回転数を示しており、サイン波の振動回数でもある。

電力の消費・供給バランスが崩れてこの波の周波数が本来の周波数からずれると、変電所は機器を守るために自動的に送電設備をシャットダウンする。その結果まれにブラックアウト（大規模停電）が起こり、社会的大混乱が発生する。三角関数は社会活動の根幹に潜んでいるということになる。●

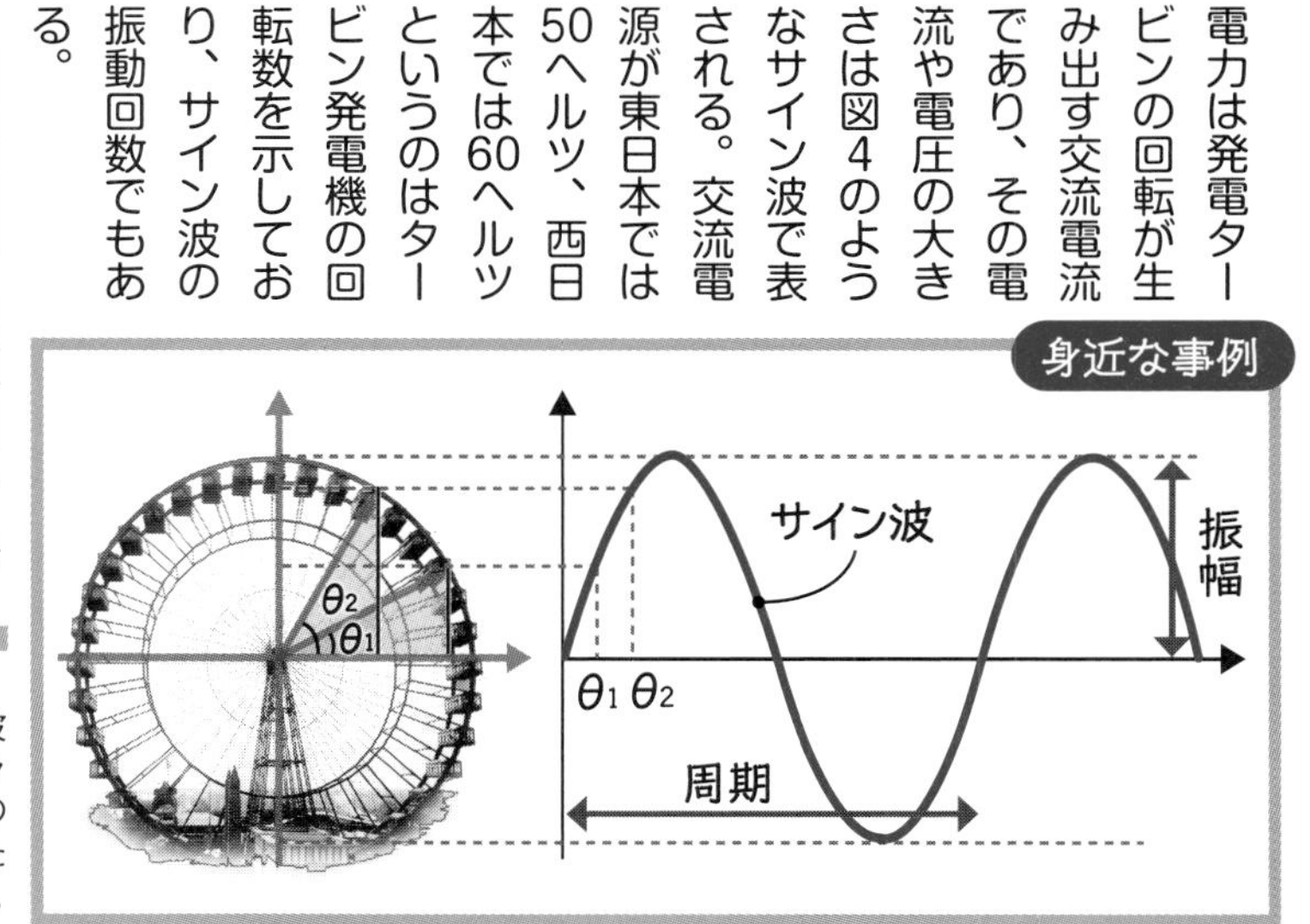

図4 ➡観覧車などの円運動からはサイン波を取り出すことができる。ひとつのゴンドラと水平線がなす角度をθとすると、ゴンドラの高さがそのままサインθを示す。これを時間または角度に対してグラフにするとサイン波となる。

「方程式」という数学

イコールの右と左を合わせよ

2次方程式は何のため?

「方程式」と聞くと誰でも中学校の授業を思い出す。社会人になったいまになって方程式もないもんだと思う人もいるかもしれない。だが方程式は日常の社会生活に完全に溶け込んでおり、決して過ぎし日の思い出などではない。そこで記憶をちょっとよみがえらせてみる。

そもそも方程式(代数方程式)とは何を意味しているのか? 読者は日本語の会話や文章に〝方程〟などという言葉を見かけたことはあるだろうか?

一説ではこの語は、紀元前100年頃に中国で書かれた数学の書『九章算術』(**図2**)に記されている「方程」に由来するという。中国語で方(ファン)は四角や格子を、程(チャン)は順序だって並べるを意味するので、方程はすなわち数を順序立てて並べることと解釈できる。日本ではすでに江戸時代の和算に「方程」という用語があったが、現在と同じ用法になったのはおそらく明治時代ではなかろうか。

とはいえ方程式の意味は世界共通ではなく、たとえばフランス語の方程式は「1つ以上の変数を含む式」のことであり、対して英語や日本語の方程式は「イコール記号(=)で結ばれた2つの式」を意味する。そこで、ここで考える方程式は英語/日本語圏での定義に沿うことになる。前後2つの式がイコール記号で結ばれているので、この方程式は〝等式〟とも呼ぶ。

この方程式の中の未知の値(変数・代数)はxで表す。なぜそう呼ぶのか? 数学史によれば、9世紀のイスラムの数学者・天文学者フワーリズミーがアラビア語で著した数学書に2次方程式の中の未知数を〝シャイ〟と書いてあったが、後のヨーロッパ人がうまく訳せず、結局〝x(シー)〟にしてしまったという。以来、誰かが未知や謎を気どるときにはxと称する傾向が広がった。マスクをかぶった正体不明のプロレスラーミスターx、ロックバンドのxジャパン、イーロン・マスクの宇宙企業スペースx社……

1次方程式と2次方程式

では何のためにこのような等式、つまり方程式が必要になるのか? 理由は単純である。その式を解いて「xの答を導き出す」(=xの解を求める)ためだ。これは数学のゲームではない。この数式を使うと現実生活のあらゆる場面で物事の効率化、スピードアップが可能になるからだ。

未知数xのもっとも単純な形はただのxであり、少しめんどうな形はxを2度かけ合わせたxの2乗(x^2)である。単純なxだけを含む方程式、た

図1 等式の性質

①等式の両辺に同じ数や式を加えても成り立つ
$a=b$ ならば、$a+c = b+c$

②等式の両辺から同じ数や式を引いても成り立つ
$a=b$ ならば、$a-c = b-c$

③等式の両辺に同じ数を掛けても成り立つ
$a=b$ ならば、$ac = bc$

④等式の両辺を同じ数で割っても成り立つ
$a=b$ ならば、$\frac{a}{c}=\frac{b}{c}$ ただし $c \neq 0$

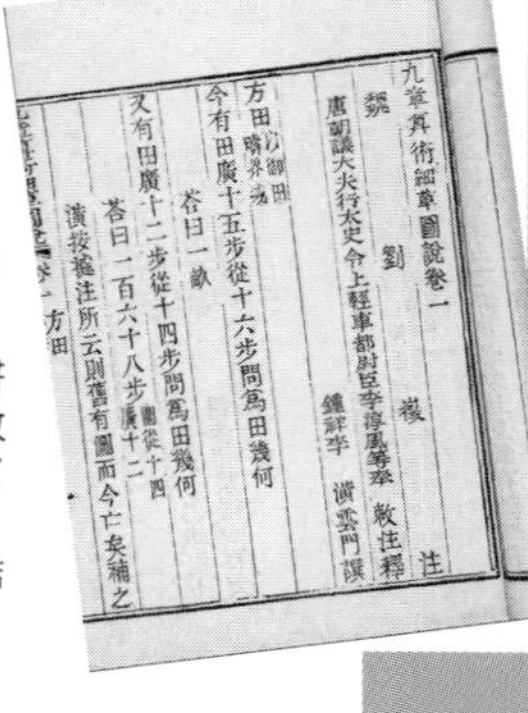

図2➡中国の有名な算術書『九章算術』の注釈本。魏国の数学者・劉徽(りゅうき)によって紀元263年に制作された。
資料/中国書店

column 1 2次方程式の基本的な解き方

$$ax^2+bx+c=0$$

最終的に〈x＝数字〉の形にする。

2次方程式を解くには通常、もとの方程式を下のような2乗の形に変える。

X^2＝B（Xはxを含む変数、Bは実数）

こうしていったん2乗の形にすれば、方程式全体の平方根を求めることで容易に答（解）を求められる。

> 2次以上の方程式の解を求めるにはほかにも、式を因数分解する、群を利用する（84ページ）、図形を変形する、式をくり返し計算して解を探すなどの手法がある。

よりくわしく まず方程式を$(x+A)^2=B$という形に変える。その後両辺の平方根を求めると、$x+A=\pm\sqrt{B}$となるので、ここから先は1次方程式として解く。

この解法で難しいのは最初の段階。$(x+A)^2=B$は展開する（カッコを開く計算をする）と、$x^2+2Ax+A^2=B$となるので、この式と最初の式（$ax^2+bx+c=0$）を見比べて、この式に近づくように最初の式を変形する。

例

1次方程式の例：$3x+17=5$

❶両辺から17を引く
$3x=-12$

❷両辺を3で割る
$x=-4$

2次方程式の例：$2x^2+3x=4$

❶ 全体を2で割る
$x^2+\frac{3}{2}x=2$

❷ 展開式に近づくように両辺に$\frac{9}{16}$を足す
$x^2+\frac{3}{2}x+\frac{9}{16}=2+\frac{9}{16}=\frac{41}{16}$

❸ $(x+A)^2=B$の形に直す
$(x+\frac{3}{4})^2=\frac{41}{16}$

❹ 両辺の平方根を求める
$x+\frac{3}{4}=\pm\frac{1}{4}\sqrt{41}$

❺ 1次方程式を解く
$x=-\frac{3}{4}\pm\frac{1}{4}\sqrt{41}$
$=\frac{1}{4}(-3\pm\sqrt{41})$

とえば$x-9=3$なら、誰でも$x=12$とすぐにわかる。両辺に9をプラスするだけだ。このもっとも単純なxは〝1次のx〟と呼ばれるので、この方程式は「1次方程式」である。

1次方程式はただの加減乗除なので、これを数学だと思う人はあまりいないかもしれない。これに対して未知数がx^2の方程式は「2次方程式」と呼ばれ、数学らしくなる。

2次方程式は日常生活でどのように使われるかとなると、その用途はいっきに増える。たとえば住宅やオフィスの面積を計算する、乗り物の速度と距離の関係を数式で示す、商品を販売するときの利益率を計算する、人工衛星の電波を受信する皿型アンテナの角度を計算する、デザイナーが新製品になめらかな表面を描き出そうとする等々、数えればきりがない。現実社会では物品の輸送効率、工場の生産工程、さらには農業生産の効率化に至るまでその出番があまりにも多いので、人々はほとんど無意識的に2次方程式を使って計算している。

コラム1に2次方程式の解き方を示している。この中でxはつねに未知数を意味し、他方a、b、cは「係数」や「定数」つまりすでにわかっている数字を示している。

（ちなみに2次方程式は「放物線」と深く関係している。放物線については36ページ参照）●

column 2 ＊ 身近な事例 イルカの跳躍

水族館のショーではイルカがみごとなジャンプを見せる。飼育環境のみならず野生でも、イルカは海を泳ぎながららくらくとジャンプする。

跳躍の高低の差はあれ彼らの描く曲線はいずれもほぼ放物線であり、2次方程式の形で表せる。そして方程式が異なっていても放物線の形はただひとつしかない（注1）。

作図／細江道義

注1 ▶ 2次方程式の数字の違いは、放物線が大きいか小さいかどの位置にあるかである。上の基本的な解き方でどの式も$(x+A)^2=B$に変形できることからもわかる（このとき$x+A$をXと置くと$X^2=B$となる）。

「指数」の数学

爆発的な増加と減少は指数に任せよ

「指数」は〝パワー〟なり

読者はテレビや動画サイトの科学番組で微生物の増殖実験を見たことがあるかもしれない。ガラスのシャーレの中に寒天培地を用意し、そこで細菌などの微生物が増える様子を観察する実験のことだ。はじめは何の変化も起こらないように見える。そのうち微生物のコロニー（集合体）が少し広がったかと思うと、その後は急激に増えて、ついには培地全体を無数のコロニーが埋めてしまう。

細菌などで見られるこうした急激な増加のしかたは「指数関数的な増加」と呼ばれる。ここでいう「指数」はニュースで耳にする消費者物価指数や熱中症指数などのことではない。数学でいう指数は「同じ数をかける回数」のことだ。冒頭の例では、細菌ははじめのただ1個が2個に分裂し、それらがそれぞれ2個に分裂して……と、1回の分裂ごとに細菌の数が2倍に増殖する。式で書けば1×2×2×2×…である。指数はこのような式を簡単に表記する便利な手法である。

たとえば2を3回かけた数、つまり2×2×2は2の3乗なので〝2^3〟と書くことができる。ここでは2を底、3を指数、数全体を「累乗」とか「べき乗」と呼ぶ。慣用的に数全体を指数ということもある。

細菌が分裂を重ねて増殖する様子を簡単なグラフに描くと、それは急上昇のカーブになる（**図1**）。これが「指数関数的な増加」である。細菌が分裂した回数（＝指数）を代数（xなど）で表した関数になっているためだ。

こうした指数関数は、はじめのうちはカーブの上昇がごくゆるやかなので気づきにくい。だがあるときを境に止めどもなく急上昇する。指数は英語では〝power〟――まさにパワフルな増え方を思わせる。

バッタもフェイクニュースも指数関数

指数関数的に増えるものはいたるところに存在する。たとえばわれわれに身近ながん細胞は倍々ゲームで増加（増殖）するし、東アフリカや中東でしばしば大発生するサバクトビバッタのような昆虫は、天候しだいでは文字どおり空を埋め尽くすほど爆発的、指数関数的に増殖する。

人間社会でも、ウイルスや細菌の感染症はときに患者が指数関数的に増加する（**コラム1**）。また最近では、SNS（ソーシャルネットワークサービス）上のフェイクニュースや〝不適切発言〟は、受け手がすぐに他の人々に伝える結果しばしば指数関数的に拡散する。インターネット社会での特定の人間に対する集中攻撃、いわゆる〝炎上〟と呼ばれる現象も指数関数に支配されている。昔から存在するネズミ講やマルチ商法も、1人が複数人を勧誘するシステムによって被害者が指数関数的に増加する。最後は必ず破綻すると決まっているにもかかわらず。

図1➡指数関数は、ネズミが複数の子を次々に産んで増殖する「ネズミ算」のいわば数学的表現。 作図／十里木トラリ

資料／国立感染症研究所／CSIER／厚労省アドバイザリーボード

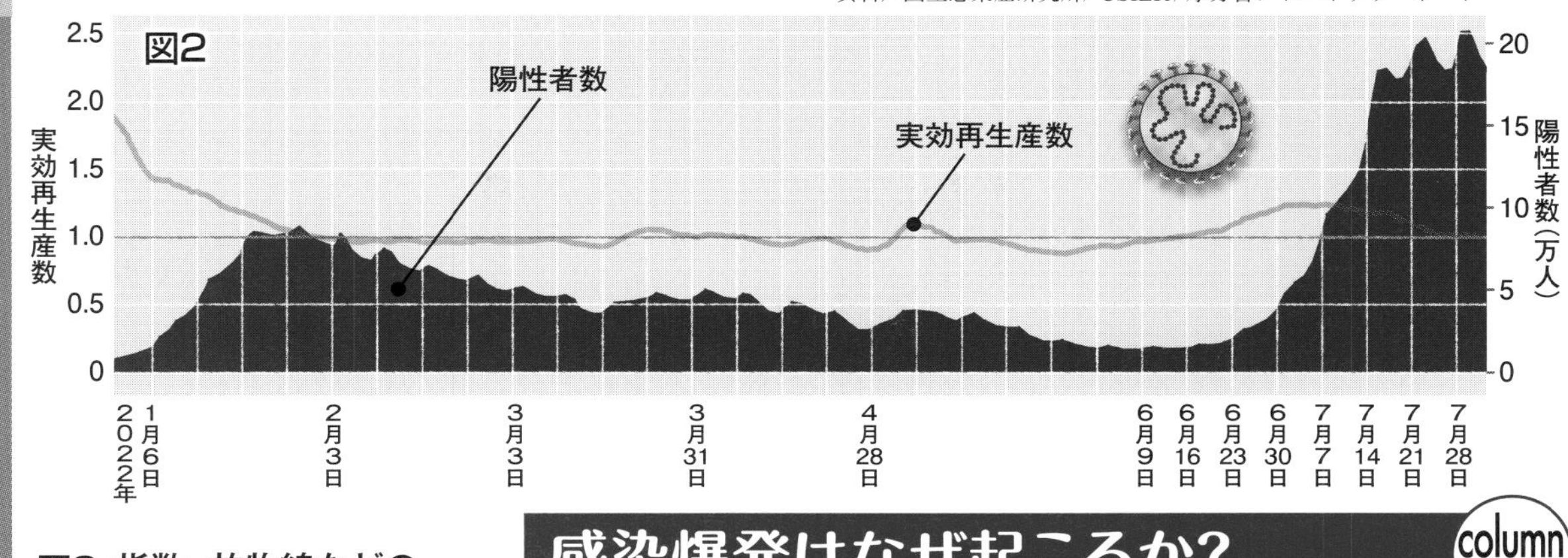

図3 指数・放物線などの比較

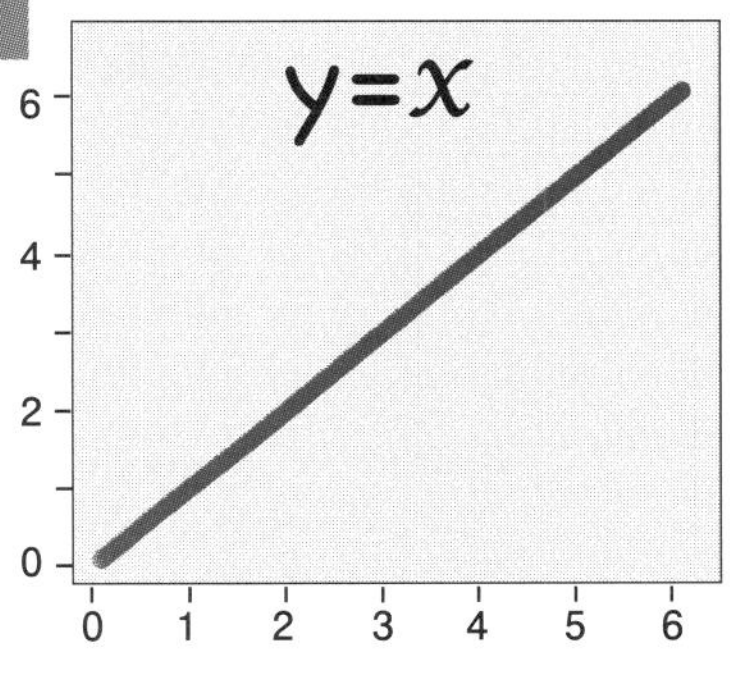

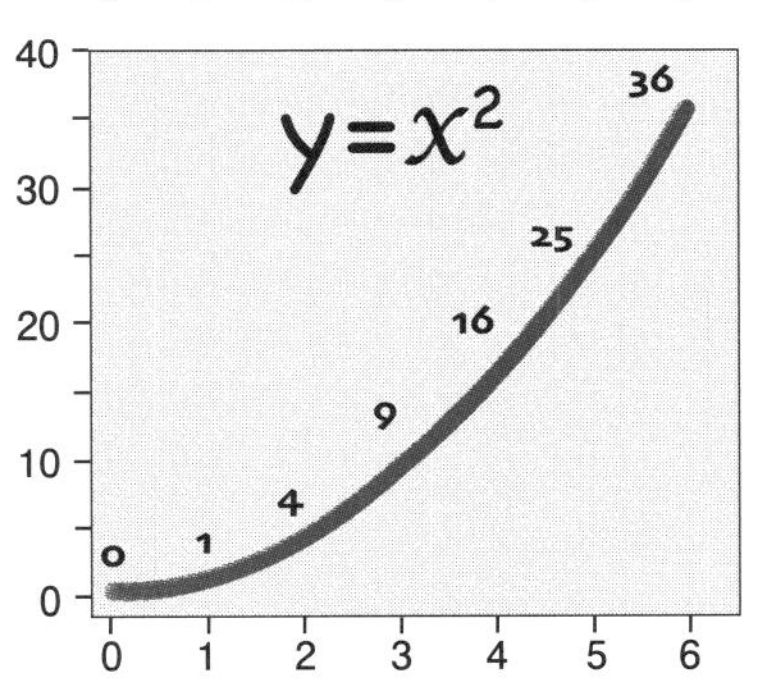

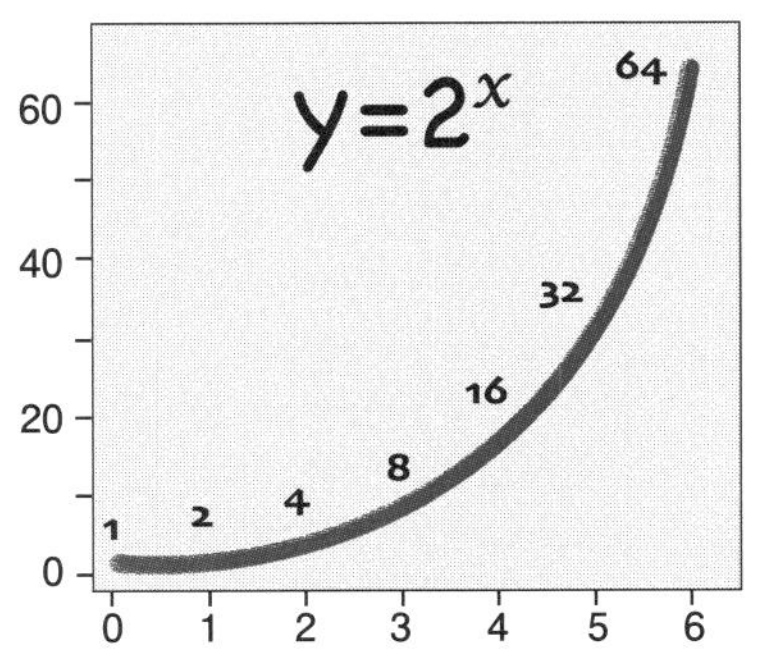

⬆上は単純な比例関係、中は「放物線」で、yはxの2乗に比例して増加する。下が指数関数で、最初は放物線より増え方がゆるやかだが、その後は放物線よりさらに急激に増加する。

感染爆発はなぜ起こるか？ column 1

新型コロナ感染症の第７波は指数関数を現実化した。６月中旬には日本全国の感染者数（陽性者数）は１万5000人前後だったが、６月29日には2万2538人、その後は１週ごとに4万7558人、10万2753人、20万1311人とほぼ倍々に増加していった。

これは、感染症ではたとえば患者１人が２人に感染させるとその２人がそれぞれ２人に感染させ、さらに…と感染拡大するため。上の事例の「実効再生産数」（感染期間中１人の感染者が周囲に感染させる人数）は感染期間２日で計算すると約1.2で感染者数は1.2のx乗で増加する。

こうした指数関数のカーブははじめはごくゆるやかで気づきにくく、急激に上昇しはじめたときにはすでに制御が困難になっている。

逆の指数関数的現象も存在する。地震のエネルギーの大きさを示すマグニチュードは、数値が高くなるにつれて発生頻度が指数関数的に減少する（**コラム2**）。マグニチュードは1増えるとエネルギーは約32倍（10の1・5乗）と定義されており、ここにも指数関数が用いられている。

銀河系の星の明るさ（絶対光度）は、光度が高くなるにつれて星の数は指数関数的に減少する。本の売れ行きは著者や出版社がもっとも気にする数値だが、たとえ〝売れ筋〟とされる本でも、販売数が1万、10万、100万と増えるにつれて該当する本、つまりベストセラー本の数は指数関数的に減っていく。

指数関数とはこのように、自然界にも人間社会にも通じる身近で奇妙な数学なのだ。●

巨大地震の指数関数 column 2

自然界には指数関数的な現象が数多くみられる。たとえば日本列島では、マグニチュード（M）3以下の地震が毎日どこかで発生している。しかしマグニチュードが1上がるごとに発生数は指数関数的に減少していく。

マグニチュード(M)	回数（1年間の平均）
M8.0以上	0.2（10年に2回）
M7.0～7.9	3
M6.0～6.9	17
M5.0～5.9	140
M4.0～4.9	約900
M3.0～3.9	約3,800

「ネイピア数」という数学

自然界が「対数らせん」を好むわけ

あなたがもっとも好きな数は何？

「どの数学がもっとも好きか？」と聞かれてすぐに答えられる人がいるだろうか？　ちょっとした理由をもとに好きな数がある人もいるだろう。

だが、ではどの数字が重要と思うかと問えば、昔の哲学者や数学者ならそれなりに答えるかもしれない。たとえばインドの数学者なら「0」、整数に執着した古代ギリシアのピタゴラスなら「1」、ニュートンなら万有引力定数「G」（**注1**）といったように――これも推測にすぎないが。

こういう基準で考えるとき、スイスの数学者ヤコブ・ベルヌーイ（**図1**）なら後述の「e」ということになる。ともかくベルヌーイは、eという数字を使った「対数らせん」（後述）を墓碑銘に望んだくらいだ。

数学者一家に生まれたヤコブは弟ヨハンと折り合いが悪かったが、どちらも数学の世界ではすぐれた業績をあげている。そのヤコブのもっとも有名な成果がeである。

eとは何か？　eは「自然対数の底」で、「ネイピア数」とも呼ばれる数。その名は17世紀に対数を考案したジョン・ネイピアに由来するが（左ページ**コラム**）、実はこの数はヤコブによる借金の研究から始まった。

高利貸しの理論が生んだネイピア数

現在の韓国社会は家庭の抱える債務（借金）が世界一ということで経済学者によく知られているが、日本では江戸時代が際立った借金社会であった。この頃、藩や大名、武士だけでなく、少なからぬ庶民も借金をつくった。自分の家の品々を持ち出し、質屋で質草にして金を借りる。座頭金（ざとうがね）とか烏金（からすがね）（**注2**）、百一文（ひゃくいちもん）などといった高利貸しも存在した。

貧しい行商人はよく百一文を利用した。彼らは天秤棒や背負いかごなどで青菜、魚、豆腐、惣菜、醤油などを売り歩く。売り上げが足りなければ翌日の仕入れができない。そこで彼らは百一文で100文借り、その日のうちに利子1文をつけて返した。返済できなければ1日ごとに利子がつく。それも元金とそれに対する利子の合計額に対する「複利」としてだ。そのため、利率は低くても借金は雪だるま式に増えていく。

ヤコブ・ベルヌーイはこうした借金返済という現象に興味を抱いた。複利では利子が同じなら貸付期間が短いほど借金額は増大する。では期間を短くし、利率をそれだけ低くしたらどうなるか？　たとえば年間100％の利子と半年50％の利子では、1年後の返済額（借金額）はどちらが多くなるか？　半年50％のほうが返済額は大きい。

そして、ベルヌーイが貸付期間を1日、1分、1秒と短くしていき限りなく0に近づけると、最終的に借金は元本の2・71

図1 ➡ヤコブ・ベルヌーイの墓碑の下には彼の望んだ対数らせんではなく、幅が均等のアルキメデスらせんが刻まれている。
右写真／Creative Commons

注1 ▶ 万有引力定数Gは約$6.7 \times 10^{-11} m^3/kg・秒^2$

注2／座頭金、烏金 ▶ 座頭金は盲人が幕府の許可のもと金を貸した。烏金は一昼夜を期限とする利率2～10％の貸金業。

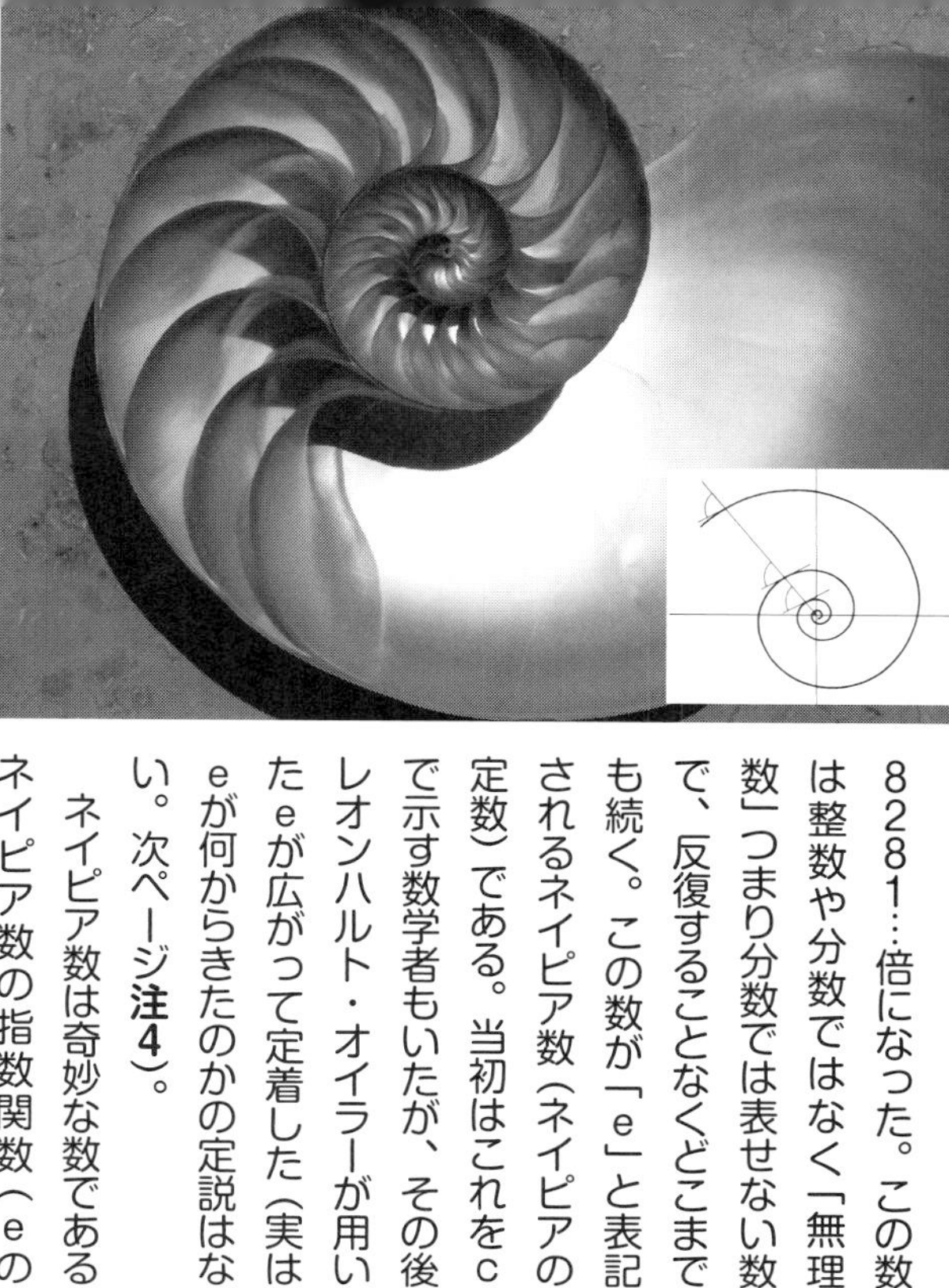

図2 ⬆銀河や台風の渦、オウムガイの殻、バラの花びらの重なりなどはいずれも「対数らせん」に似ている。このらせんはどこを拡大・縮小しても自身と重ねられる自己相似形で、$y=e^{a\theta}$という式で表される。

写真／左・ESA/Hubble & NASA　右・Chris 73

8281…倍になった。この数は整数や分数ではなく「無理数」つまり分数では表せない数で、反復することなくどこまでも続く。この数が「e」と表記されるネイピア数（ネイピアの定数）である。当初はこれをcで示す数学者もいたが、その後レオンハルト・オイラーが用いたeが広がって定着した（実はeが何からきたのかの定説はない。次ページ**注4**）。

ネイピア数は奇妙な数である。ネイピア数の指数関数（eのx乗＝e^x）のグラフを描くと、この曲線は、どの点をとっても接線の傾きが高さと一致する（**図3**）。これはe^xを微分すると同じe^xになることを意味する。e^xを微分してe^xなら、それを積分してももちろんe^xになる。

数は無限に存在するが、こんな数字はほかにひとつもない。微分や積分は計算が面倒になりがちだが、eの指数関数に書き換えればそれを避けることができる。そのため自然科学の学徒は好んでeを用いる。

図3

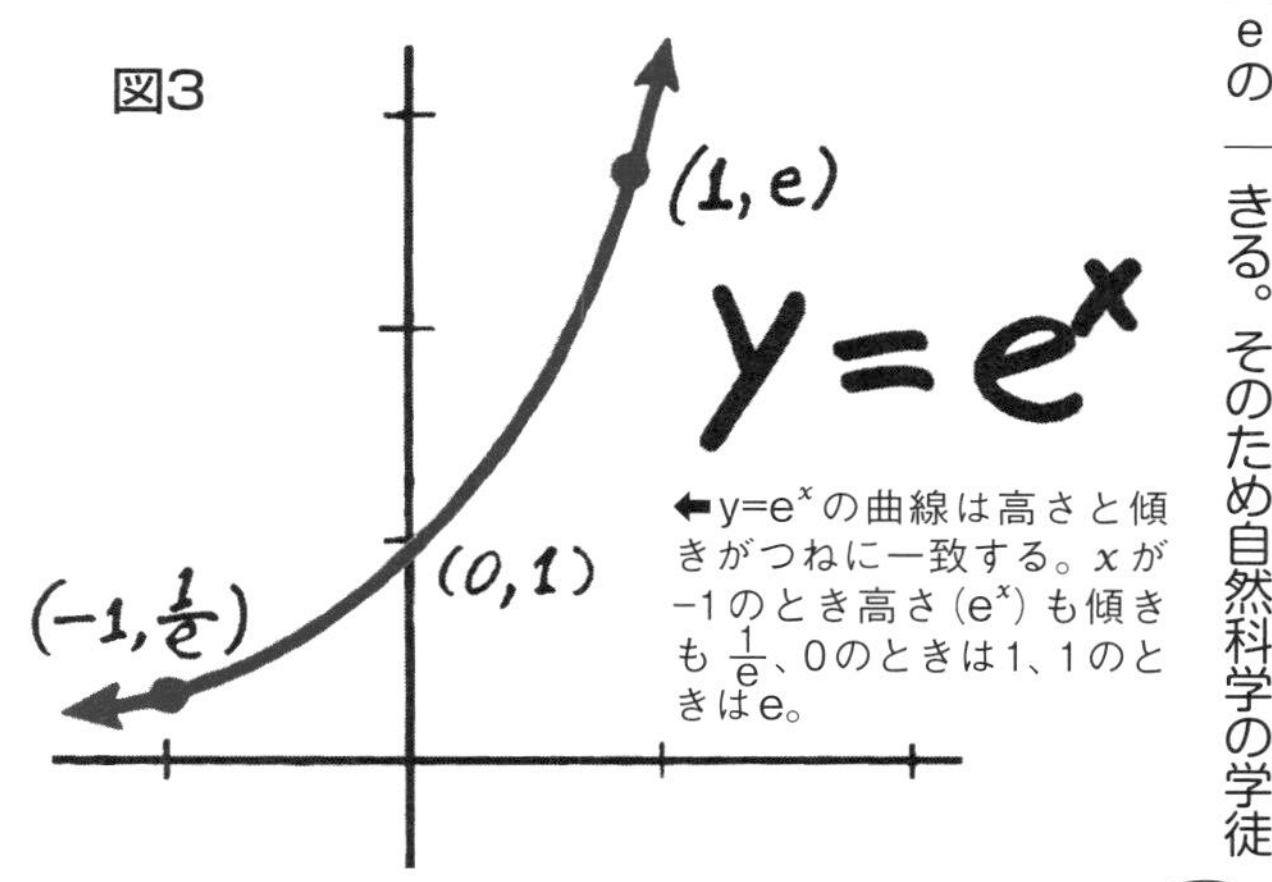

⬅$y=e^x$の曲線は高さと傾きがつねに一致する。xが−1のとき高さ（e^x）も傾きも$\frac{1}{e}$、0のときは1、1のときはe。

遺言は守られなかった

このネイピア数の指数関数を「極座標」、すなわち原点からの距離と角度で表すと渦状になる。この図形は「対数らせん」や「等角らせん」と呼ばれる。原点からせんに直線を引くと、両者がつねに同じ角度で交わるからだ。

自然界に見られるさまざまな

column ネイピアと「対数」

ジョン・ネイピアは工夫や発明が得意だった。作物や肥料の改良、スクリュー式の坑道揚水機の設計、潜水艦や鏡の反射光で敵船を燃やす戦法などを考え出した。

だが彼の名を後世に残したのは対数。対数は指数（28ページ）と同じく数字をかける回数を示し、これを用いると同じ数の乗算（かけ算）が容易になる。単にかける回数を合計すればよいのだ。たとえば2^4と2^8の積はそれぞれの対数4と8を足して2^{12}となる。逆に除算（割り算）では対数を引き算すればよい。

ネイピアはさらに、あらゆる数を“適切な数”（＝底）の累乗（対数）で表せば、どんな乗算や除算も対数の和や差に書き換えられることに気づいた。こうして生まれた「対数表」は電子計算機の登場まで自然科学分野で大活躍した（**注3**）。

注3 ▶ネイピアは1に近い数字を底に用いたが、一般には10を底にした対数表が利用される。たとえば数字の100の場合は指数表示で10^2と書き換えられるが、これを10を底にした対数表示にすると$\log_{10}100=2$となる。

■ボードの利用法：24＋17の例

縦軸・横軸は2の累乗で表示され、2進法の各桁を示す。駒が1個入った状態が1、ない状態が0。

									(縦軸)
	2^{14}	8192	4096	2048	2^{10}	512	256	128	$2^7=128$
	2^{13}	4096	2048	1024	2^9	256	128	64	$2^6=64$
	4096	2^{11}	1024	512	2^8	128	64	32	$2^5=32$
	2048	1024	2^9	256	2^7	64	32	16	$2^4=16$
	1024	512	256	2^7	2^6	32	16	8	$2^3=8$
	512	256	128	64	2^5	16	8	4	$2^2=4$
2列目	256	128	64	32	2^4	8	4	2	$2^1=2$
1列目	128	64	32	16	2^3	4	2	1	$2^0=1$
(横軸)	2^7 = 128	2^6 = 64	2^5 = 32	2^4 = 16	2^3 = 8	2^2 = 4	2^1 = 2	2^0 = 1	

駒

計算方法

① 数字を2の累乗の和（16+8、16+1=2進法の11000と10001）に分解する。

② 縦軸の数字は無視し、1列目の16と8の位置（♟）、2列目の16と1の位置（♟）に駒を並べる（上図）。

③ 2列目を1列目の同じ目に下ろす。駒は16の位置に2個、8の位置に1個、1の位置に1個。

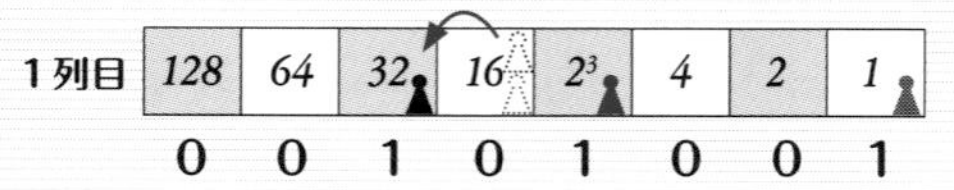

④ 2進法なので、ひとつの目（16）に駒が2個に入ったらそれらを除き、その上の桁（32）の位置に1個駒を入れる。

⑤ 答は32+8+1=41となり、2進法では101001。

1列目	128	64	32	16	2^3	4	2	1
	0	0	1	0	1	0	0	1

図4 ⬅⬆ネイピアは「ネイピアの骨」（上）や「ネイピアのチェスボード」（左）と呼ばれる"計算機"も制作した。後者は2進法を利用した先駆的な計算法を採用している。

資料（左）／https://www.maa.org/　写真／Stephencdickson

渦、たとえばオウムガイの殻や台風の渦、宇宙の銀河の渦巻きなどは、おおむね対数らせんとみなすことができる。これは、対数らせんは全体を拡大しても縮小しても元の図形と完全に一致するという「自己相似性」をもっているためと見られている（前ページ**図2**）。

対数らせんもまた"変わらない曲線"である。さきほどの自己相似性に加え、さまざまな幾何学的な操作を行っても変化しない。たとえば円周に対する鏡像変換「反転」では「原点を通る円」は「原点を通らない直線」になったりするが、対数らせんではそうした変化が起こらない。対数らせんはほかにも、何種類もの幾何学的操作を加えてもつねに同じ対数らせんとなる（**注5**）。放物線などにこうした操作を行うとまったく異なる曲線として現れるにもかかわらず。

ベルヌーイは対数らせんのこのような性質に感じ入ったらしい。彼は「この"驚異のらせん"はつねに同一のらせんを再生する。死後に同じものとしてよみがえる人間を象徴する曲線である」と言い、自分が死んだときには墓に対数らせんを刻むようにと言い残した。

彼の死後、たしかに墓碑にはらせんが刻まれた。だがそれは対数らせんではなく、渦が等間隔に並ぶアルキメデスらせんだった。墓碑をつくった者がベルヌーイの遺言を無視したのかそれとも誤解したのか、真相は不明である。●

注4 ▶ オイラーが「e」を選んだ理由として、数式でアルファベットの最初の4個（a、b、c、d）は頻出するがeはあまり出てこないため、指数（exponential）の頭文字をとった、オイラー(Euler)の頭文字を使ったなどの説がある。

注5 ▶ 対数らせん自身になる幾何学的操作曲線は、円弧の内側で反射させた線の集合体がつくる「火線」、曲線の各点をそれぞれ異なる円の一部とみなしたとき、それらの円の中心がつくる「縮閉線」、曲線上に貼り付けた糸をたるませずにはがすときの糸の端の軌跡である「伸開線」など。

算額クイズ

神社や寺に掲げられた巨大な額や絵馬にはときどき図形が描かれている。これは「算額」と呼ばれ、江戸時代や明治時代に数学好きな人々が難問を解いたとき、神社や寺に奉納したものという。

問題

正3角形に内接する大きな円の直径と小さな円の直径を求めよ。ただし正3角形の1辺の長さは2尺5寸、1尺は10寸。

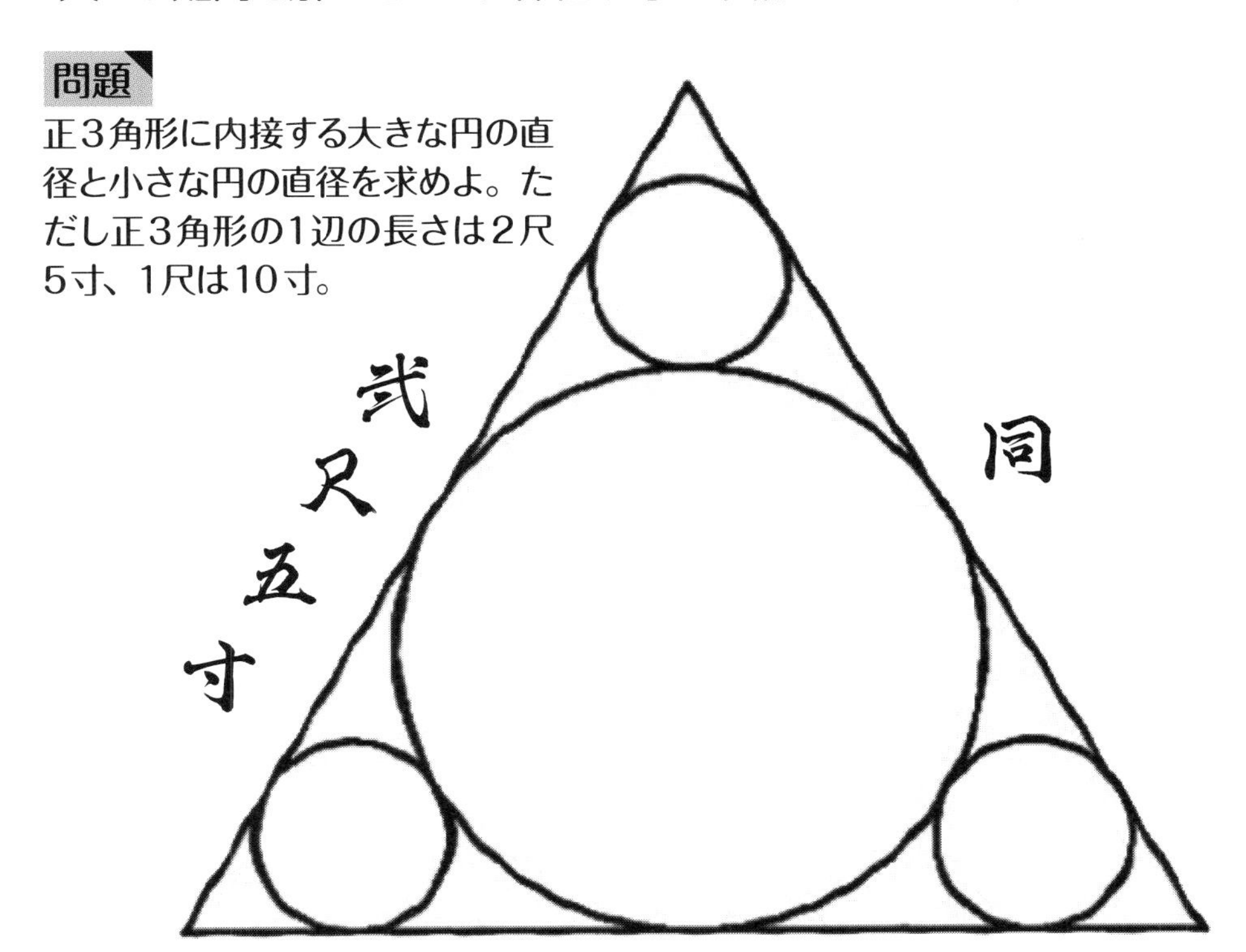

⬆氷川天満神社（埼玉県桶川市）の算額に描かれていた問題。

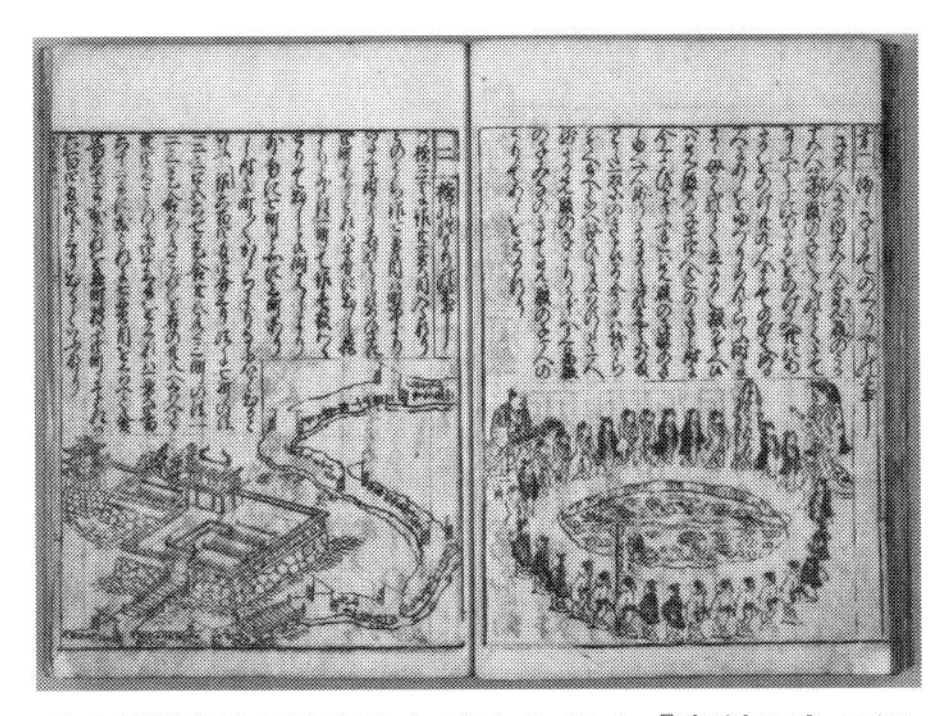

⬆17世紀に吉田光由がまとめた『塵劫記』は江戸時代の“数学ブーム”の火付け役となった。
写真／国立国会図書館デジタルコレクション

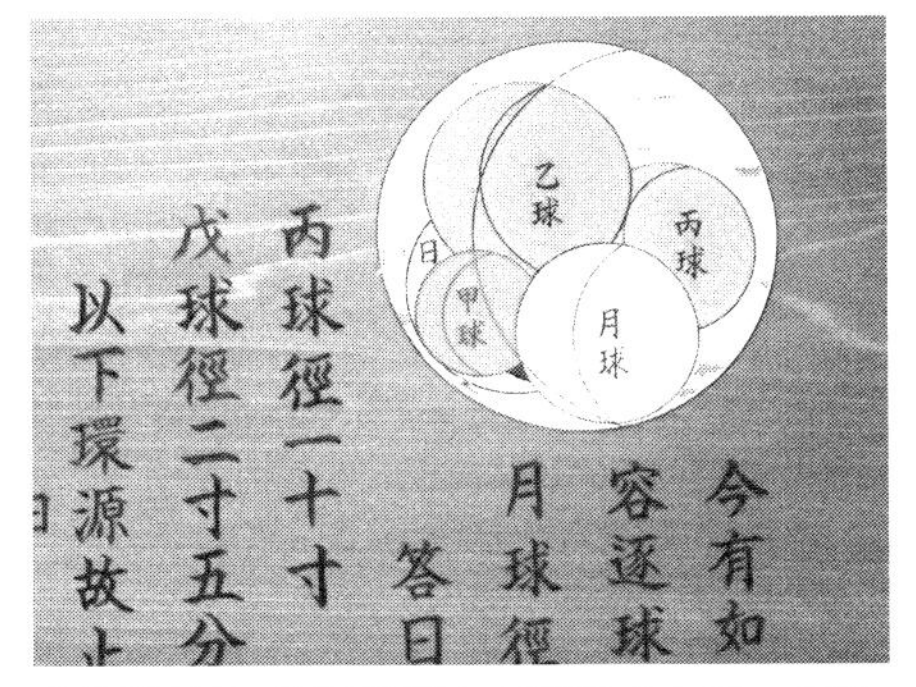

⬆寒川神社（神奈川県）に掛けられている算額（コピー）。
写真／Shikishima Ken-ichi

〈ヒント〉 直角3角形（角のひとつは30度）の辺の長さの比は1:$\sqrt{3}$:2

（答は80ページ欄外）

「数論」という数学
"ひきこもり数学者"の到達点

数論は数学の王女？

「フェルマーの最終定理」とか「リーマン予想」などという言葉を目にしたことのある人は少なくないであろう。これらはどれも「数論」と呼ばれる数学の話だ。

数論とはその名のとおり"数"の性質、とりわけ整数の性質を研究する数学の一分野である。冒頭の定理や予想を目にすると、ふだん数学に縁のない人でもその謎っぽさについつい惹きつけられる。ましてプロフェッショナルな数学者なら魅了されずにはいられない。というのも、一見素人でもわかりそうに思えるが、実際にはなまじの数学者では歯が立たないほどその中身が高度だからだ。

人類史上最強の数学者などと持ち上げられる19世紀ドイツのカール・フリードリヒ・ガウス（39ページ図3）は、「数学は科学の女王、数論は数学の王女」と評したという。なぜ数論はそんな形容をまとっているのか？

数論は、英語ではわかりやすく"ナンバー・セオリー"、要するに数の性質についての理論で、代数学の一部とされている。ただし数なら何でもいいというのではない。「整数」つまり物の数を数えるときの1、2、3……（0および+と−を含む場合もある）と、そこから派生するいろいろな"数の体系"を研究する数学、ということになる（数の体系とは「代数体」や「局所体」などを言うが、ここでは省略）。数論はいま見たように整数を扱うので「整数論」と呼ぶこともある。

数学者でも、まして大数学者でもないわれわれが、数論は王女だの召使いだのと口出しすることはできない。常人ならむしろ「数の性質など研究して何の役に立つのか」と疑問を呈するところだろう。一見して、そこに実用性らしきものが何もなさそうだからだ。

実際、数論らしき数学が紀元前に（おそらく古代ギリシアのユークリッドによって）着想ないし"発明"されてから長い間、この数学に実用性が求められたことはなかった。近代になってからもそれは純粋数学の一部、それどころか"純粋数学の王様"と見られていた――何やら女王や王女や王様の安売りのようだが。

だが21世紀になる頃から様相が変わった。コンピューターシステム用の暗号化ソフト開発で存在感を見せ始め、最近ではその主役にまでなりつつあるようなのだ。

始まりは「ピタゴラスの定理」

数論の問題としてもっともよく知られているフェルマーの定理が扱う素材は、日本の中学生にはおなじみの「ピタゴラスの定理（の変形）」。直角3角形をつくる3辺のうち、2辺の長さがわかれば残りの1辺の長さがわかるというものだ（**図2**）。

フェルマーの定理は数式を使うと$X^n+Y^n=Z^n$と表すことができる。ここでnが2（2乗）

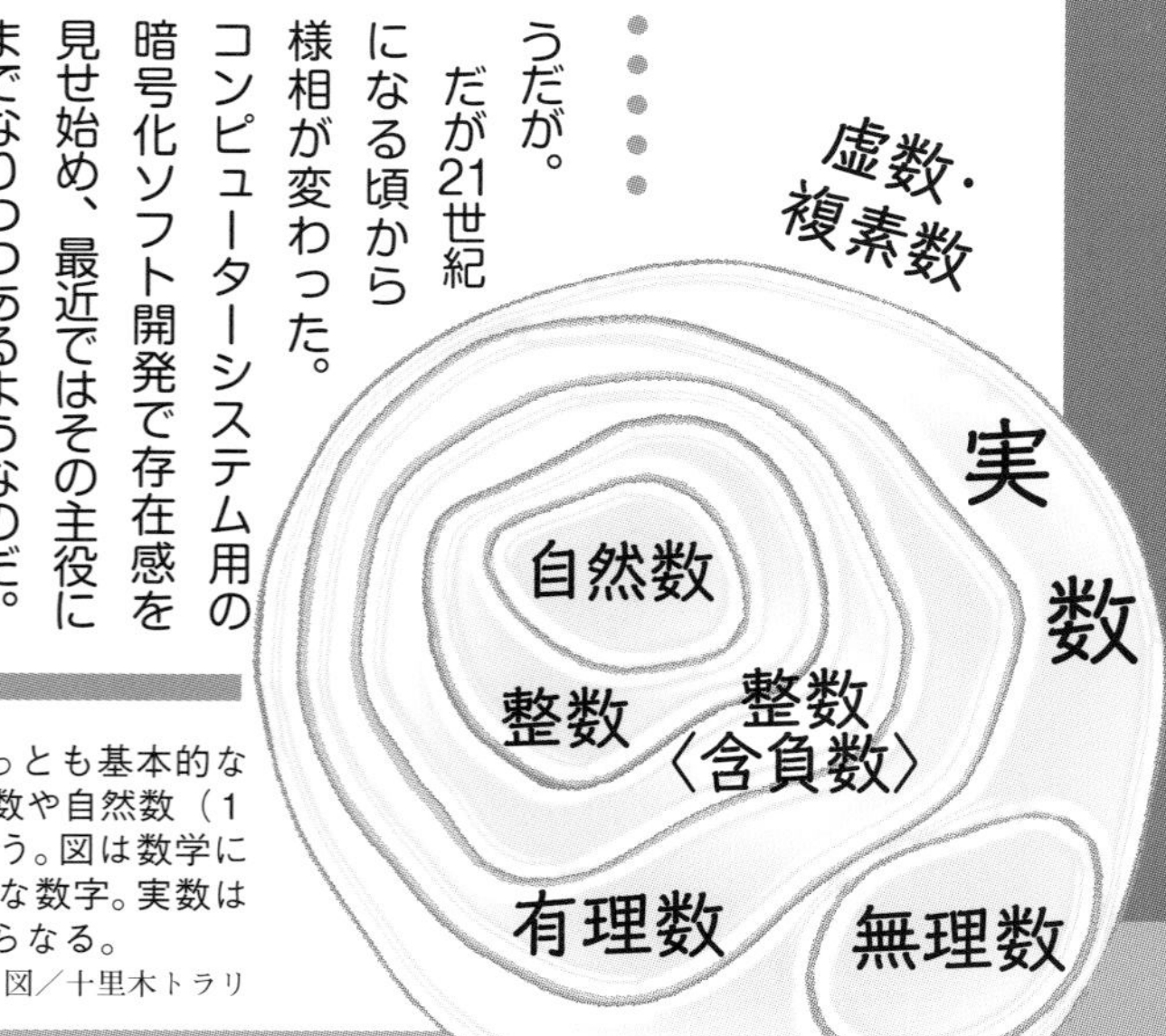

図1 ➡数論はもっとも基本的な数の概念である整数や自然数（1以上の整数）を扱う。図は数学に登場するさまざまな数字。実数は無理数と有理数からなる。

図／十里木トラリ

図3 ⬅フェルマー（右）は「$x^n+y^n=z^n$」はnが3以上では成立しないと考えた。この定理が世に出てから300年以上経った1995年、ワイルズ（左）がこの「フェルマーの最終定理」を証明した。写真左／C. J. Mozzochi, Princeton N.J

図2 ピタゴラスの定理

$$x^2+y^2=z^2$$

⬆直角3角形に関する「ピタゴラスの定理（三平方の定理）」は$x^2+y^2=z^2$。この2を3以上に変えるとフェルマーの最終定理の式が現れる。

なら、XYZの組み合わせはたくさんあり得る。ところがnを3以上の整数とすると、正の整数のXYZの組み合わせは姿を消してしまう——フェルマー（**図3右**）はそう予想した（**コラム1**）。なぜか？

この問題には何世紀にもわたり世界中の数学者がチャレンジし続けた。そして1995年、ついにイギリスの〝ひきこもり数学者〟アンドリュー・ワイルズ（**図3左**）が答を出した。その発見は数学者の世界を超えて〝世界的事件〟となった。この話題ひとつを見ても、数論がどんな世界か想像できそうである。

数論の研究からはいろいろな定理が発見されてきた。冒頭に触れた「フェルマーの最終定理」、「オイラーの多面体定理」、最大の未解決問題と言われる「リーマン予想」、「素数定理の証明」などだ。どれも文字どおり、夜に日を継いで数論に取り組んだ歴史上の数学者たちが残した足跡である。

数を数えることは古代における人間の文明化の原点でもあった。われわれは日常、数を足したり引いたり、掛けたり割ったりすることの実利性はよく理解している。その行為を、ワイルズのごとく7年間も部屋に閉じこもり（知人は彼が死んだと思ったらしい）、睡眠もろくにとらずに追い求めると、ついには数学的天空へと舞い上がり、数論の最後のドアを押し開けられる——かもしれない。それは誰彼の頭の体操としても相当に上等でありそうである。●

「最終定理」のフェルマーの証明？

フェルマーはその「最終定理」を書き付けたディオファントス（注1）の『算術』に「その証明を書く余白はない」と記したが、実は同じ本の別の場所に4乗についての証明をメモしている。彼の使用したのは「無限降下法」という手法。

まず彼は$x^4+y^4=z^2$が成立する自然数の組があると仮定し、その場合はさらに小さな自然数の組があると証明した。するとこの組はしだいに小さくなるが、1より小さな自然数は存在しない。そこで、最初の仮定は間違いとわかる。

ちなみに4乗でなく2乗で証明すればよいのは、2乗でこの式が成立しなければより条件の厳しい4乗では当然この式は成立しないためだ。こう考えるとこの式はピタゴラスの定理の変形にも見え、実はここにフェルマーが行った証明の糸口が存在する。

「友愛数」と「完全数」

column 2

「万物の根源は数」とみていたピタゴラスは「数論」の先駆者でもあった。点を3角形や正方形に配置する三角数や四角数のほかにも「完全数」や「友愛数」などを調べ、整数の性質に異様なまでに執着した。

このうち友愛数とは、たとえば220と284のように自身を除いたすべての約数を合計すると相手の数になる数字で、フェルマーも1組発見している。

また完全数とは自身を除いた全約数の総和が自身になる数で、たとえば6や28である。6の約数は（1、2、3）で28の約数は（1、2、4、7、14）だからだ。完全数は数学者でなくとも見つけられそうだが、実は1万以下の完全数は4個しかなく、発見されたすべての完全数はいまのところ51個だけである。

●フェルマーの発見した友愛数
（17296, 18416）

●デカルトの発見した友愛数
（9363584, 9437056）

注1／ディオファントス▶ 3世紀頃の学園都市アレクサンドリア（現エジプト北部）の数学者。墓石には彼の生涯の重要な出来事が代数学的（生涯の1／6を少年として過ごし、その1／12の後にあごひげを生やしたなど）に刻まれており、それを解くと彼が何年生きたかがわかる。

「2次曲線（円錐曲線）」という数学

複数の力が生み出すデリケートな2次曲線

懐中電灯の光の方程式

街路灯のない地方で生活する子どもにとり、暗い夜道を懐中電灯を手にして歩くとちょっとした探検気分になるが、この体験には数学がおまけについてくる。

懐中電灯を振り動かすとその光はさまざまに形を変える。完全な円にもなれば楕円にもなる。壁と地面の境界にあたればゆるやかなカーブが切り取られる。これらの図形はいずれも「2次曲線」、別名「円錐曲線」である。

2次曲線とは円、楕円、放物線、それに双曲線の4種類の曲線をいう。方程式で表すとどれもxの2乗（x^2）やyの2乗（y^2）を含む方程式、つまり2次方程式（**注1**）なので2次曲線と呼ぶ。

別名を円錐曲線と呼ぶのは、この曲線が「円錐（コーン）」を平面で切り取って生まれる曲線だからだ。駐車場や工事現場でよく見かけるカラーコーン（パイロン）やパーティに使うトンガリ帽子なども、平面でカットすれば切断面は円錐曲線になる（**図1**）。

どんな円錐曲線になるかは円錐をどう切断するかによって決まる。簡単に想像できるように水平に切れば円になり、少し傾けて切断すれば楕円になる。

放物線をつくるのは案外難しい。円錐は直角3角形を回転させると生まれるが、この3角形の斜辺に平行に切断したときのみ放物線が生まれる。また双曲線を生み出すには、円錐の斜辺と底辺の両方を通るように円錐を切らねばならない。

円錐をスパッと切ると曲線が生じることに気づいたのは古代ギリシア人らしい（古代メソポタミア人かインド人かもしれないが）。すでに紀元前3世紀の数学者アポロニウスが円錐曲線の性質をまとめた8巻もの本を残している。

双曲線で宇宙へ行こう！

いまでは、円錐曲線は天体力学や航空力学などでなじみ深い。たとえば2021年12月に打ち上げられた「ジェームズ・ウェブ宇宙望遠鏡」（**図2右**）。この望遠鏡が地球から離れるときの軌跡は双曲線だったはずだ。というのも、ジェームズ・ウェブ望遠鏡は地球の重力圏を脱出して150万km離れたラグランジュ点（**コラム1**）を目指したからだ。これには少々説明が必要になる。

図1

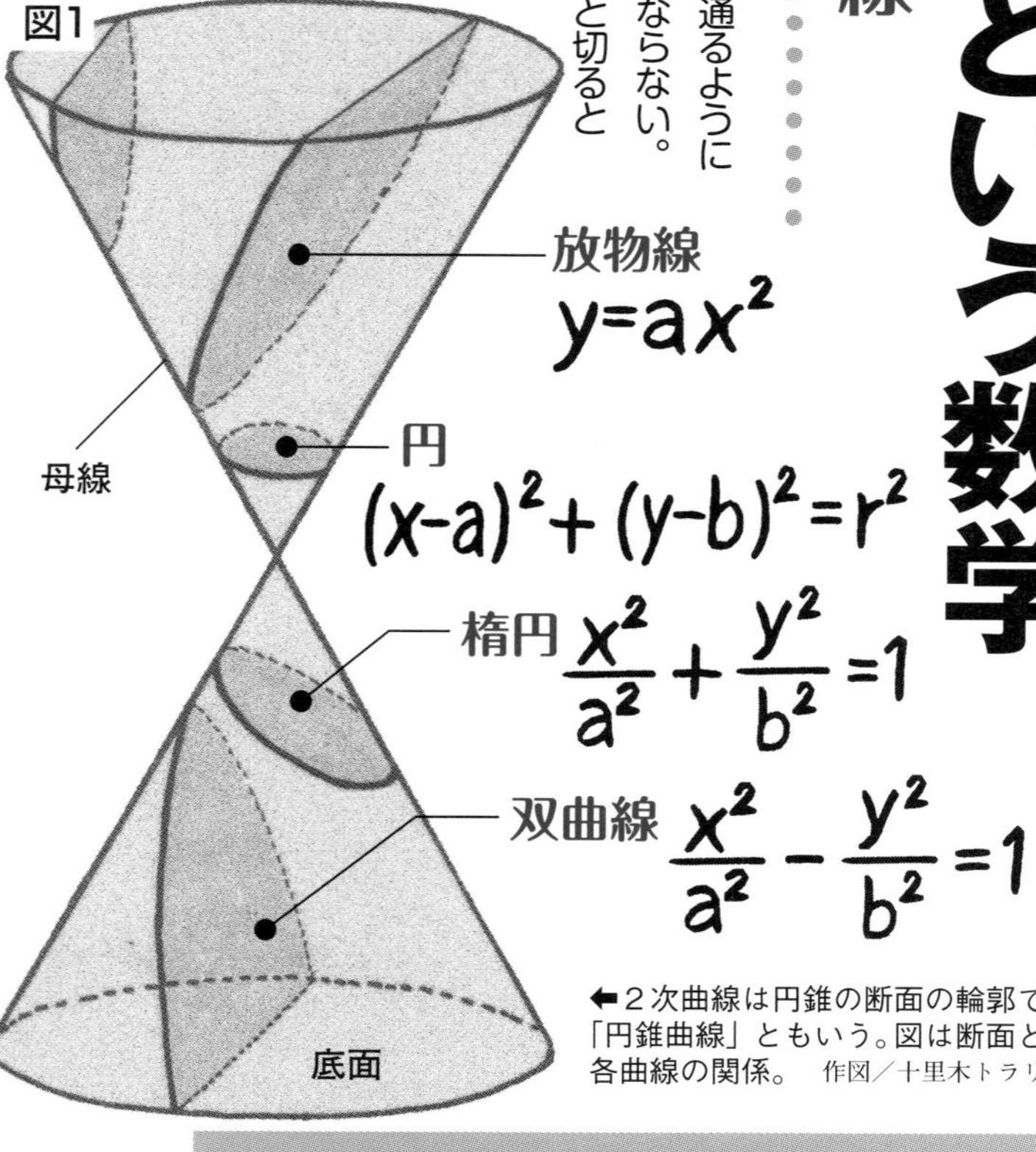

←2次曲線は円錐の断面の輪郭で「円錐曲線」ともいう。図は断面と各曲線の関係。　作図／十里木トラリ

注1／2次方程式▶$ax^2+by^2+cxy+dx+ey=f$で表される式で、この一般式が示す曲線が2次曲線（円錐曲線）。狭義には1種類の代数（x）のみの方程式（$ax^2+bx+c=0$）を意味する。

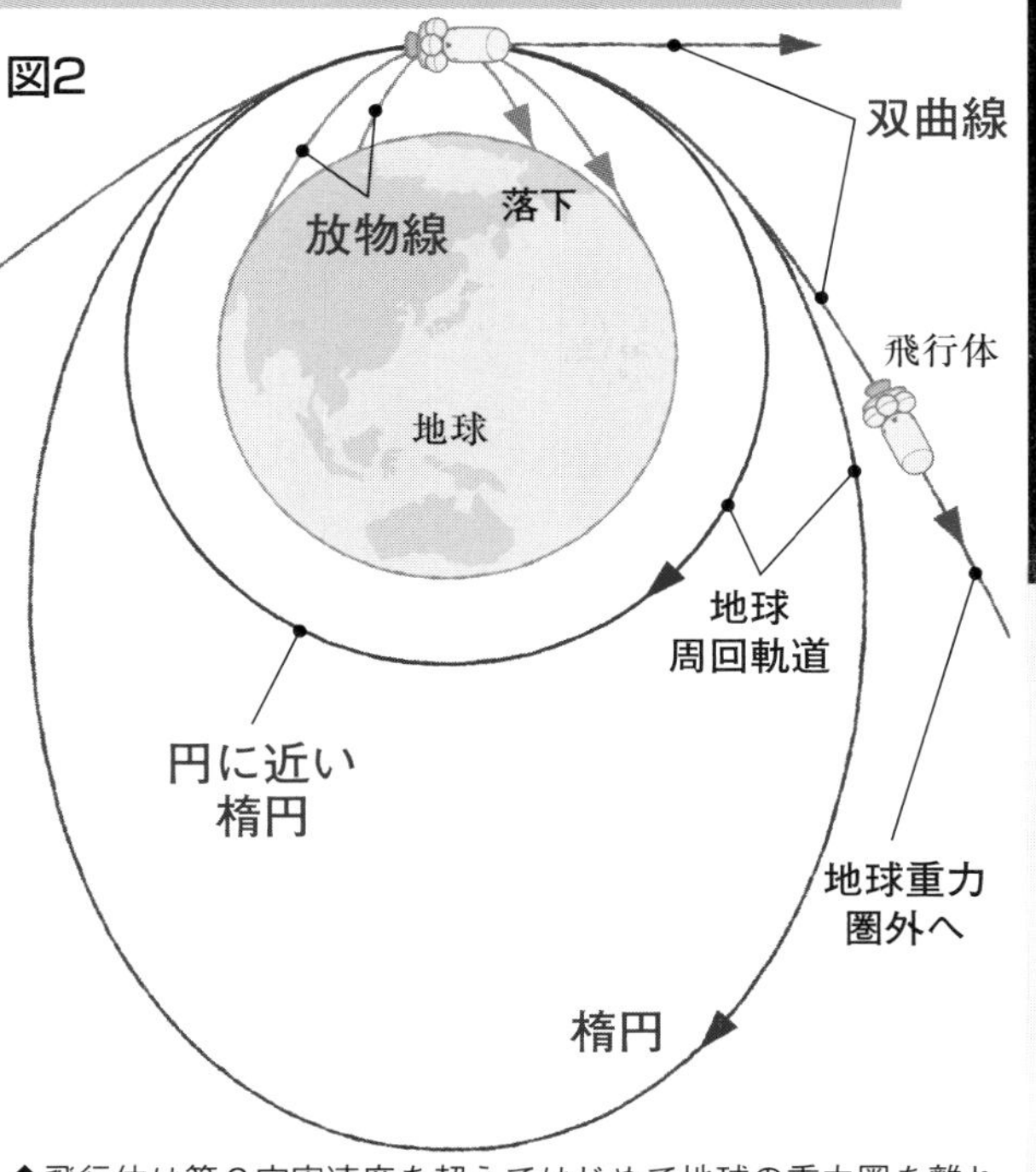

⬆飛行体は第2宇宙速度を超えてはじめて地球の重力圏を離れる。右上のイラストはジェームズ・ウェブ宇宙望遠鏡。
上作図／細江道義　右上写真／NASA/GSFC/CIL/Adriana Manrique Gutierre

通常、飛行体が地球重力を振り切るには秒速11・2km、つまり時速約4万km以上の超高速が必要で、これは「第2宇宙速度」と呼ばれる。もし速度が第2宇宙速度より小さく、「第1宇宙速度」すなわち秒速7・9kmより大きければ、地球のまわりを楕円軌道で周回する人工衛星となる。ジェームズ・ウェブの先輩にあたるハッブル宇宙望遠鏡は、円に近い楕円軌道で地球を30年間も周回している。速度が第1宇宙速度よりさらに小さければ、飛行体は放物線を描いて海上に落下し、打ち上げは失敗に帰す。

ちなみにNASAが打ち上げたジェームズ・ウェブ望遠鏡は2022年1月に目的地点に到達し、同年7月から本格運用が始まっている。

力学的な飛行軌跡が円錐曲線になるのは、これらの曲線が、打ち上げロケットの推進力が生み出した慣性運動と一定方向に作用する重力との組み合わせによって生まれるためである（**コラム2**）。このことは、〝物理学の父〟アイザック・ニュートンが、「惑星はなぜ楕円軌道をとるのか」という疑問から、数学を用いて「万有引力（重力）」を見いだした歴史を想起させる。●

column 1 ラグランジュ点

ジェームズ・ウェブ宇宙望遠鏡はいま、地球から約150万kmのラグランジュ点2（L2）のまわりを周回している。ラグランジュ点とは、2つの物体の間で3つ目の物体が重力的に安定する場所。たとえば太陽と地球のラグランジュ点は両者の重力圏内に5カ所ある（L1〜L5）。質量が比較的小さい物体はラグランジュ点の描く軌道上にとどまることができる。

column 2 ニュートンと万有引力

「惑星の周回軌道はなぜ楕円か」——これは17世紀初頭、ヨハネス・ケプラーが「惑星運動の3法則」を見いだして以来、科学者たちの疑問であった。

その答を「万有引力（重力）」という形で見いだしたのがアイザック・ニュートン。彼は質量をもつ物体は引きつけ合うと考え、これをもとに物体がどう運動するかを示した。

たとえば直進する天体に太陽の重力が及ぶと、天体は太陽に向かって加速する（＝向きを変える）。その物体にさらに太陽の重力が作用し続けて……とみると、継続してはたらく重力によって物体が運動の方向をしだいに変える様子がわかる。しかし最終的にどんな軌道を描くかを明らかにするのは容易ではない。

だがニュートンはみずから発明した「微分」（8ページ参照）を用いて天体のこうした軌道変化を計算し、太陽の重力によって惑星が楕円軌道を周回することを示した（**注2**）。そして天体の位置や速度によっては、天体が放物線や双曲線を描くこともつきとめた。

注2 ▶ ニュートンは著書『プリンキピア』で、微分ではなく幾何学的手法で万有引力と惑星軌道を説明している。この手法は非常に難解で、ノーベル賞物理学者リチャード・ファインマンも証明の道筋を正確にはたどれなかったと認めている。

「虚数と複素数」という数学

物理学者はなぜ複素数が好きか?

〝虚構の数〟の存在意義?

〝あり得ない存在〟に遭遇したとき人はどう反応するか? 自分の見間違いだと思う人もいれば、実在するかどうかを徹底的に調べようとする人もいるだろう。しかしすぐれた数学者なら、実在するか否かはしばし棚上げにし、その奇妙な存在で何ができるかを探ろうとする。16世紀イタリアのギャンブル依存症の数学者ジローラモ・カルダーノ(**図1**)がその典型だった。

彼はあるとき、2乗するとマイナスになる数、いまでいう「虚数」に遭遇した。2乗するとマイナスとはいったいどういうことか? どんな数でも2乗すれば、幾何学的には正方形となるはずだ。面積がマイナスの正方形など想像もできない。

この奇怪な数字は、カルダーノが3次方程式(xの3乗=x^3の入った方程式)を解いている途中に現れた。彼はこの数が実在するとは思えなかったが、そのままこのあり得ない数、つまり〝虚構の数〟を使い続けると、方程式がぱらりと解けてふつうの数(実数)の答が現れた。あり得ない数を使うのに正答が導けるのは異様だとカルダーノは感じたが、それ以上追求しなかった。

このとき出現したあり得ない数ないしウソの数はその後「虚数」と呼ばれることになり、iという記号で表されることになった。つまり、$\sqrt{-1}=i$と定義されたのだ。するとこの定義からさまざまな便利な性質が見つかった。だが数学者たちはその後何世紀もの間、虚数が実在するとは考えなかった。

19世紀になってこの問題を新しい視点で見直したのがカール・フリードリヒ・ガウスだった(**図3**)。彼は、虚数はふつうの数(実数)とどんな関係にあるかを改めて考えてみた。

物理学はなぜ複素数を愛するか?

ガウスはまず1本の数直線を考えた。ふつうの数はすべてこの線上に乗る。整数も有理数も無理数も。だがこの直線上に虚数が入り込む余地はどこにもない。では虚数、たとえばさきほどの$i=\sqrt{-1}$はどこに位置するのか?

ガウスはここで数直線を↘1本の「座標軸」(実数を示す数直線。平面上の座標ではx軸とY軸)とみなし、この軸の上の1を180度回転すると-1になることに注目した(**図2**)。とすれば、iを配置するには1を90度回転させればよいのではないか? 1に-1をかければ

図1➡医師で数学者のカルダーノはギャンブル依存症で、不敬罪で投獄されたこともある。長男は自分の妻を殺して死刑、次男はカルダーノの家に押し入って街を追放され、娘は娼婦となって梅毒で死んだ。

オイラーはネイピア数eの累乗を級数で表現する手法を探すうちに、そのひとつが三角関数の和となることに気づいた。ここから彼は三角関数、ネイピア数、虚数を結びつけるオイラーの公式(左上)をつくり上げた。この公式を利用すると、"波"を三角関数から指数関数に書き直せる。

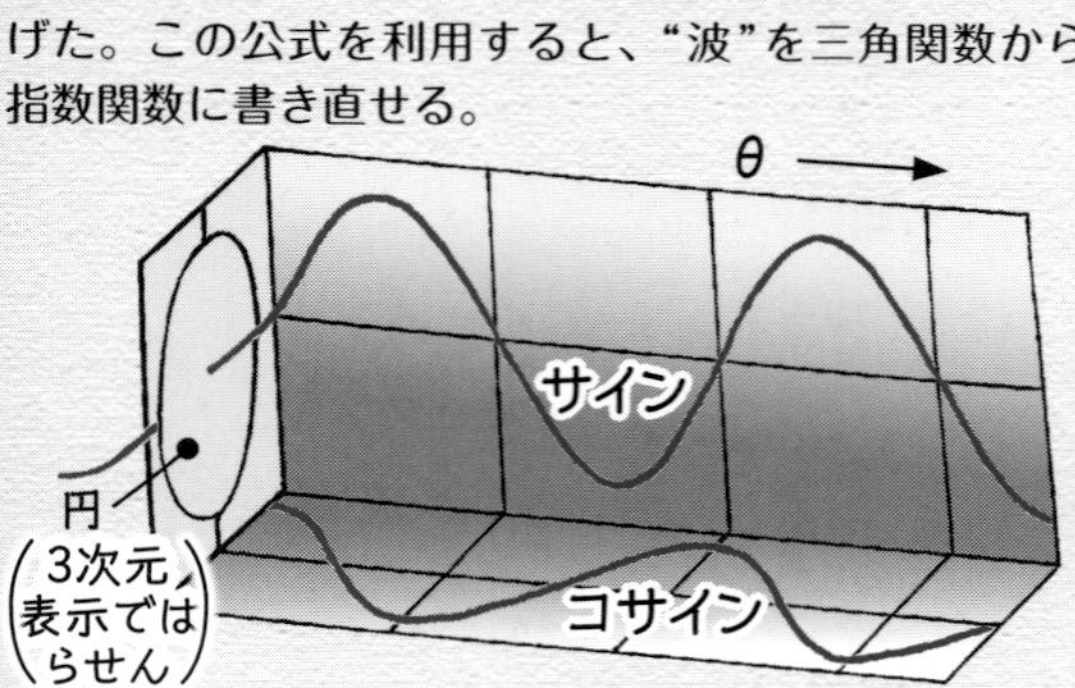

⬆左ページのオイラーの公式(①)の角度θをπとおくと$\cos\pi=-1$、$\sin\pi=0$となって「オイラーの等式」(②)が現れる。　資料/Bichara Sahely (2012)

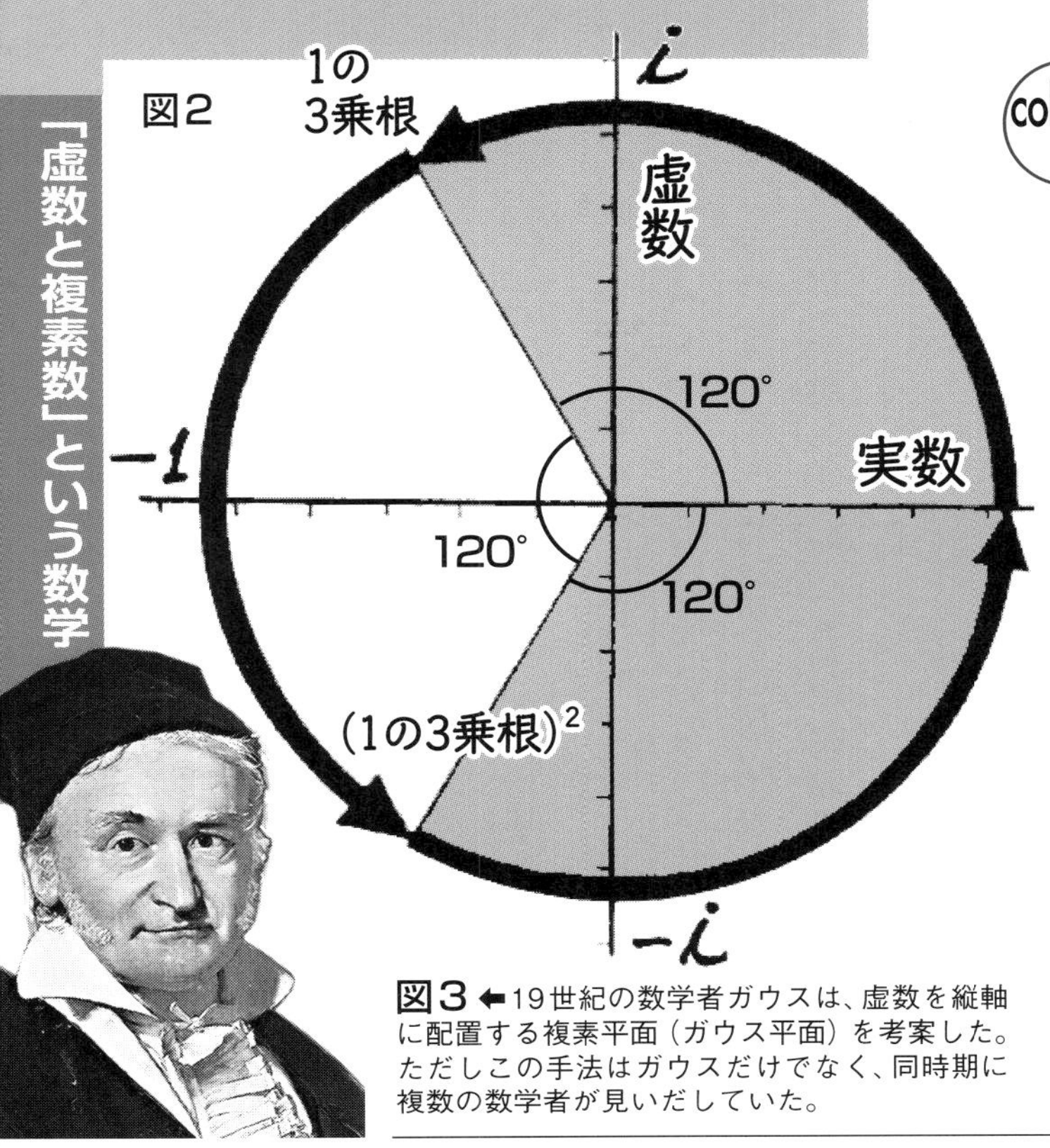

図3 ⬅19世紀の数学者ガウスは、虚数を縦軸に配置する複素平面（ガウス平面）を考案した。ただしこの手法はガウスだけでなく、同時期に複数の数学者が見いだしていた。

column 1 3回かけて1になる数？

1は何回かけても1である。5回でも10回でも、1に1をかければ必ず1だ。では逆に、同じものを3回かけて1になる数字は何か？　それも「1」と答えたくなる。だが、それは答のひとつでしかない。

本文にあるように複素平面では積は回転として示される。たとえば1に-1をかけるとは、1を180度回転することだ。さらに-1に-1をかけるとふたたび180度回転して1に戻る。そこで-1は2回かけると1になる数、すなわち1の平方根とわかる。

すると、1の3乗根も1を120度（360度の$\frac{1}{3}$）回転させたものになるはずだ。同じように360度の$\frac{2}{3}$回転も1の3乗根になる。奇妙にも、複素数を3回かけると1という整数が誕生することになる。

ちなみに1の4乗根は1を90度、5乗根は72度、6乗根は60度回転させたもの（とその倍数）である。

-1となるが、1にiを2回かければ-1になるからだ（**コラム1**）。

そこでガウスは、座標軸に直交するもう1本の座標軸を描き、ここに虚数を配した。すると横軸に実数、縦軸に虚数を示す平面座標が生まれた（図2）。

この座標上の1点は実数でありかつ虚数でもあるので、各点は「実数と虚数の和」と見ることができる。そこでこのような数字は〝複数の要素をもつ数〟という意味で「複素数」と命名された。そしてこのときの平面座標は「複素平面」または「ガウス平面」と呼ばれることになった（図2）。

物理学者は複素数が好きである。というのも、複素数は複雑な計算を簡単にするからだ。複素数を用いると、たとえば2つの異なる性質——電気と磁気、電流と電圧など——を同時に扱える。またガウス平面の成り立ちからわかるように、座標を回転させればかけ算ができる。さらに、複素数は波の性質を表現しやすい（**コラム2**）。

電磁気学や波の振動で現れるこうした虚数は便宜的なものであり、これらの方程式は虚数を使わなくても表現できる。ただし「量子力学」は例外である。20世紀前半に登場したこの新しい物理学では、そこで用いられるもっとも重要な方程式から虚数表現を排除することができない（55ページ参照）。とすれば、虚数は〝虚数のまま実在〟するのかもしれない。●

column 2 オイラーの公式

“ひとつ目の巨人キュクロプス”とも呼ばれるスイスのレオンハルト・オイラーは、歴史上もっとも多作な数学者のひとり。若い頃に片目の視力を失い、60代で完全に失明しながらも精力的に数学に取り組んだ。その成果のひとつ「オイラーの公式」は「数学の至宝」とも呼ばれる。

①オイラーの公式…指数関数と三角関数の関係式

ネイピア数　シータ（任意の実数）

$$e^{i\theta} = \cos\theta + i\sin\theta$$

指数関数　三角関数

②オイラーの等式…円周率πと虚数を結びつける式

パイ（円周率）

$$e^{i\pi} = -1$$

「ベクトル」という数学

簡単で便利、だが複雑きわまる数学的概念

方向と量を示す便利な矢印

　数学にはじめから拒否反応を示す人は少なくない。意味不明な数字と記号ばかり並べて何の役に立つのか――これが敬遠されるおもな理由であろう。だがそんな数学の中で、少なくとも「ベクトル」は誰にもわかりやすく、生活のさまざまな場面に直結している。

　たとえば読者が自宅を出て学校や会社に向かうとき、移動手段は徒歩か自転車か車かあるいは公共交通かによって、経路も速さも所要時間も違ってくる。この違いを容易に知るには、矢印を使って自宅を出た後の方向と速さを示せばよい。これも立派な数学である。このとき用いる矢印がすなわちベクトルである。われわれは日常会話でもときに、自分の勉学や練習や仕事のやり方、方向性、スケジュールなどを「このベクトルでやろうと思う」などと言うかもしれない。便利な用語である。

　ベクトルが単純な矢印で表されるのは、それによって〝方向と量〟を同時に示せるためだ。これに対して〝量〟しかもたないのが「スカラー」。たとえば単なる〝速さ〟はスカラーだが、時速Ｘ㎞というときの〝速度〟には方向があるのでベクトルである。同じように、ただの温度や体積はスカラーだが、温度変化や重さ（重力という方向がある）、ある方向に作用する力などはベクトルとなる（**表1**）。

　ベクトルは単に矢印というだけではない。それは数学をまとめて1つのセット（組）として扱える存在でもある。たとえばある原点から生じるベクトルの場合、1次元なら1個の数字で表されるが、2次元なら2個、3次元なら3個の数字を必要とする。だがベクトルを使えば、3個の数字を要するものも1個で表せる。さらに4次元でも5次元でも11次元でもただ1個のベクトルで表現できる。ベクトルはいわば〝情報の保管箱〟である。

　ベクトルを使うと何が便利か？　それはまず、中身を気にせずにベクトルという箱を操作すればよい点である。ベクトルにも四則演算などがあるが、ベクトルが2次元でも3次元でも15次元でも、ベクトルの演算操作後の結果は変わらない。箱の中身の変化を後で計算する必要はあるが、バラバラに示された数字をそれぞれ計算する手法に比べれば、桁違いに簡単になる。

　ベクトルの中身には関数――$y = ax + b$のような――を入れてもよい。すると、たとえば3次元座標の電場（電気力が空間に及ぼす力。電界とも）を表す

図1　ベクトルとは

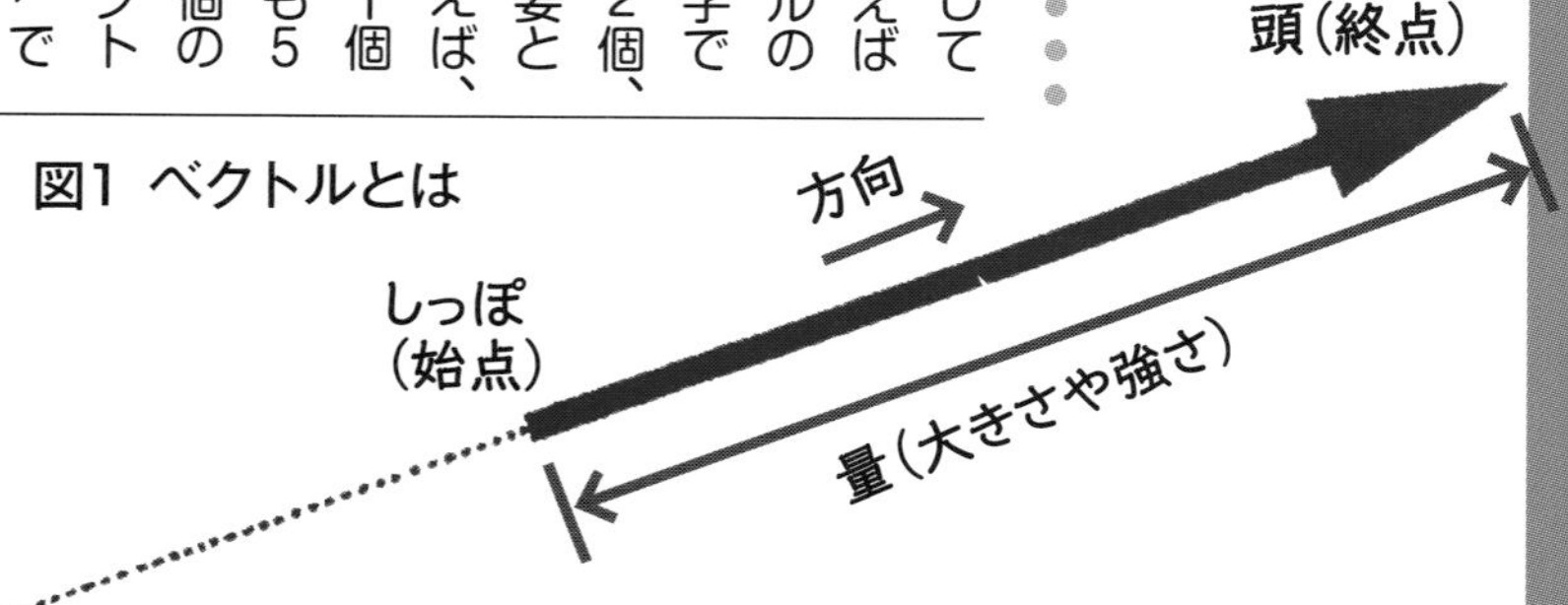

頭（終点）
方向
しっぽ（始点）
量（大きさや強さ）

表1　スカラーとベクトルの例

スカラー（量のみ）	ベクトル（方向と量）
長さ、面積、体積、速さ、質量、密度、温度、エネルギー、エントロピー、仕事	速度、加速度、運動量、力、揚力、抗力、推力、重さ、変位

ような非常に複雑な数式をただひとつの式で表現できる（図2）。

ちなみに前記の関数という日本語は、英語の〝ファンクション〟が中国語の〝ファンシュウ（函数）〟となり、それが輸入されて〝カンスウ（函数、関数）〟になったらしい。つまり関数は元来日本語ではなく外来語ということになる。

旅客機の往路と復路の飛行時間が違うわけ

ではベクトルの四則演算とはどんなものか？ ベクトルの和や差を考えるには旅客機の飛行経路がよい例になる。

東京（成田）からサンフランシスコまで太平洋経由で飛行する場合、この経路は地球の北半球を吹く偏西風の中を通り、追い風（順風）で飛行することに

電場と力

地球は、自らが生み出す重力によって質量をもつ物体を引きつける。同様に電気（電荷）をもつ物質もまわりに電気的な力を及ぼす。地球の「重力場」に相当する電気的な場が「電場」である。

電荷をもつ粒子を電場に置くと、粒子には引力または反発力がはたらく。その大きさは電場の強さと粒子自身の電荷に比例する（左の式）。

現実の世界ではこの図とは違い、電場は刻一刻と変化する。その場合でも電場をベクトルで表示すれば、式は簡略化できる。

図2

q:粒子のもつ電荷

$$F=qE$$

E:電場

column 2 マクスウェルの電磁方程式

電気と磁気（＝電磁気）はわれわれにもっとも身近な力のひとつだ。それらは互いを誘起または変化させて挙動を複雑にする。その全体像をまとめたのが19世紀の物理学者ジェームズ・クラーク・マクスウェルである。

彼が最初に記したマクスウェル方程式は全部で20の式からなるが、それらをベクトル表示にするとたった4つの簡単な式になる。

① $\nabla \cdot D = \rho$ ←ガウスの法則
（D：電束密度、ρ ロー：電荷密度）

② $\nabla \cdot B = 0$ ←磁気に関するガウスの法則
（B：磁束密度）

③ $\nabla \times E = -\dfrac{\partial B}{\partial t}$ ←ファラデーの法則
（E：電場、∂：デル）

④ $\nabla \times H = \dfrac{\partial D}{\partial t} + J$ ←アンペール＝マクスウェルの法則
（H：磁場、J：電流密度）

青字：ベクトル

⬆棒磁石がつくる磁場。空間を区切ったとき、そこに入る磁力線と出る磁力線の本数はつねに等しい（②）。

⬅電流の周囲に発生する磁場（④の特殊な場合）。

式の記号の意味

∇（ナブラ）：座標の各軸についての単位ベクトルの微分演算子
∇とベクトルの間の「・」：ベクトルの内積
∇とベクトルの間の「×」：ベクトルの外積

作図／細江道義

図3

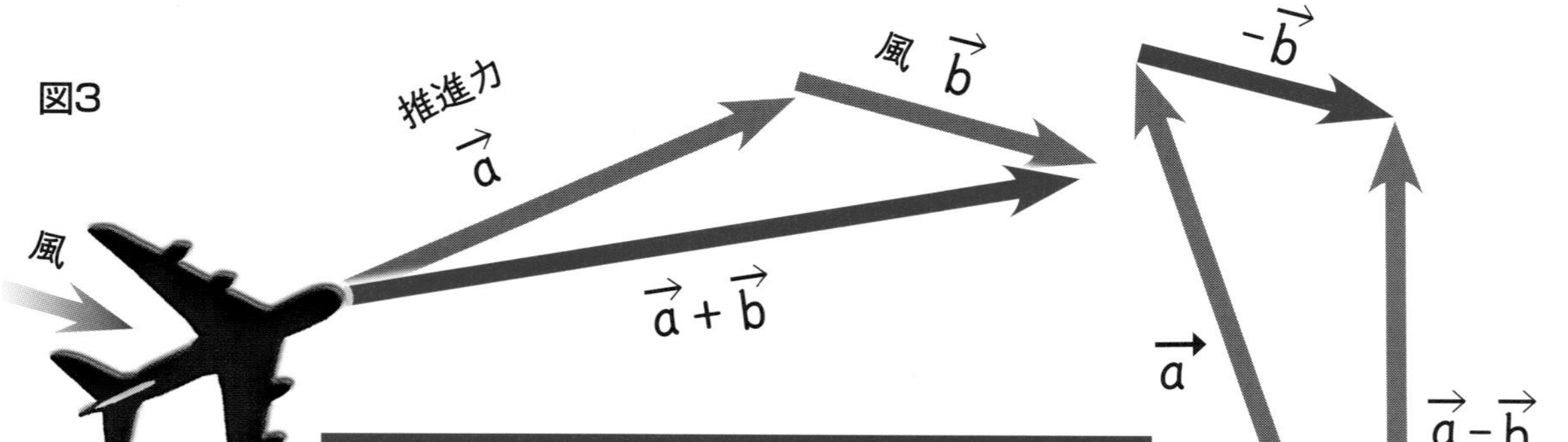

推進力 $\vec{a}$　風 $\vec{b}$　風　$\vec{a}+\vec{b}$　$-\vec{b}$　$\vec{a}$　$\vec{a}-\vec{b}$

航空機とベクトル

航空機の速度は“風のベクトル”に強く影響される。ジェット気流に乗れば、航空機は本来の推進速度と風それぞれの和のベクトルで飛行できる。風に逆らって飛行するときは反対に推進速度から風のベクトルが差し引かれ、飛行速度は遅くなる。

なる。そのため成田—サンフランシスコ間の飛行には9時間半しかかからない。逆に帰途は向かい風（逆風）の中の飛行となるため、成田に到着するまでに11時間もかかり、その差は1時間半にも達する（実際には往路と帰路の飛行経路も異なる）。

この場合、順風に乗って飛ぶ往路はベクトルの足し算（和）と見ることができる。順風といっても飛行方向とまったく同じではなく、斜め後方からの風となる。そこで旅客機を示すベクトル（矢印）の先端に風向を示す別のベクトルをつなぐと、それらの根元から先端までがベクトルの和となり、旅客機は実際にはこの速度で飛行することになる（**図3左**）。

他方、ベクトルの引き算（差）を使えば、旅客機がどのくらい風の影響を受けるかがわかる。このとき旅客機の設定上の速度と実際の飛行方向のベクトルを比べることになるが、それには2本のベクトルの根元をそろえ、先端部どうしをつなぐ（**図3右**）。こうすると2つのベクトルの引き算によって風の影響がわかる。

かけ算（積）になるとベクトルも少々難しくなる。かけ算には「内積」と「外積」の2種類がある。内積とは2本のベクトルについて同じ方向の成分をかけ算すること、他方外積は、2本のベクトルがつくる平行4辺形の面積を求めることである（実際にはもっと多くのかけ算があるが）。簡単にいえば、2個のベクトルの外積はやはりベクトルだが、内積はスカラーになる（**図4**）。

ベクトルは科学技術分野ではあらゆる場面で用いられ、とりわけ現在ではコンピューターのプログラミングや画像表示（ベクター〈＝ベクトル〉形式）でも不可欠となっている。他方で前記のように、数学ではベクトルは多次元にも利用され、いっきに難解になる。具体的でありながら同時に非常に抽象的でもある数学的概念——それがベクトルである。●

図4 外積と内積

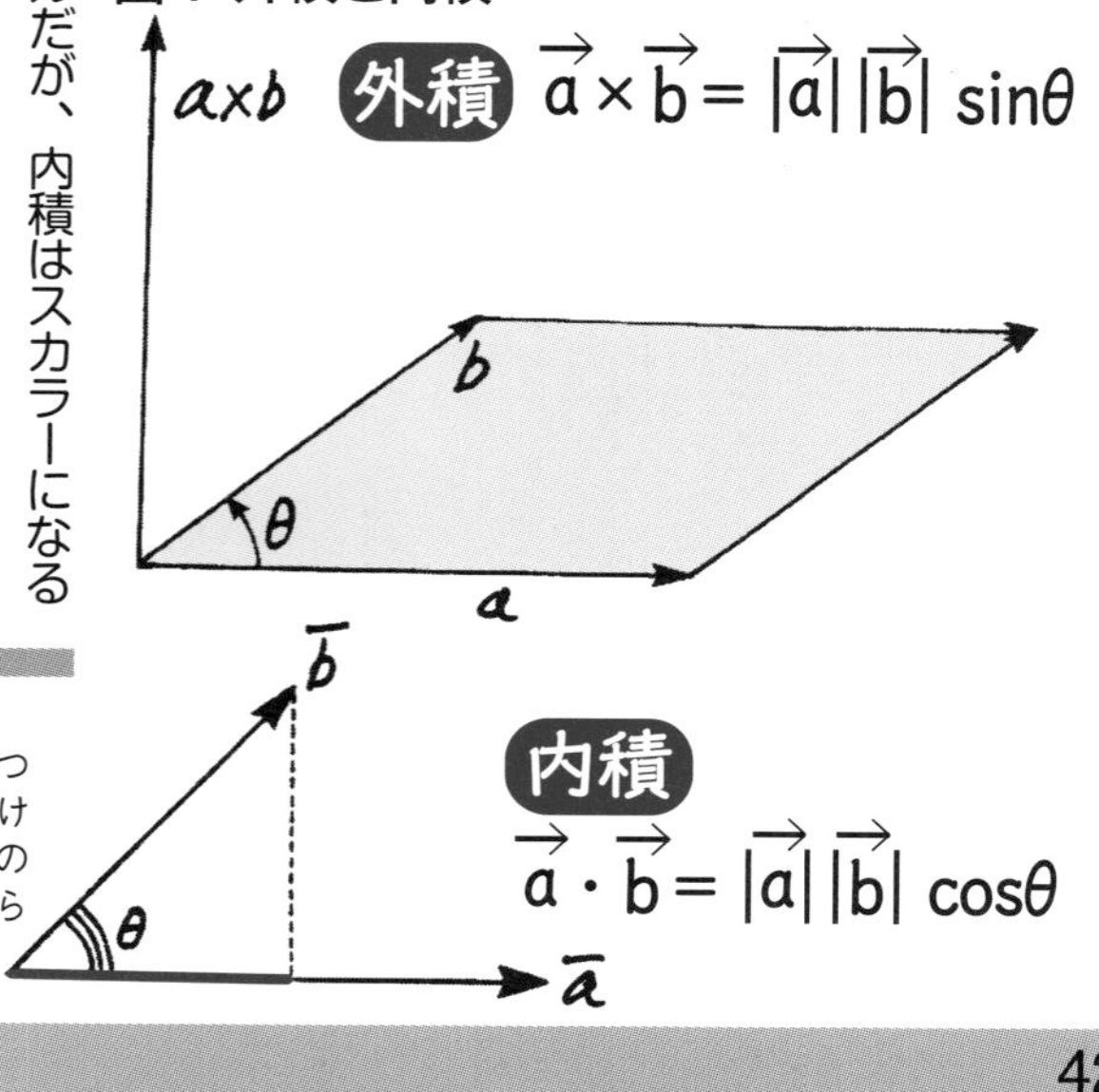

$a \times b$　外積　$\vec{a} \times \vec{b} = |\vec{a}|\,|\vec{b}|\sin\theta$

b　θ　a

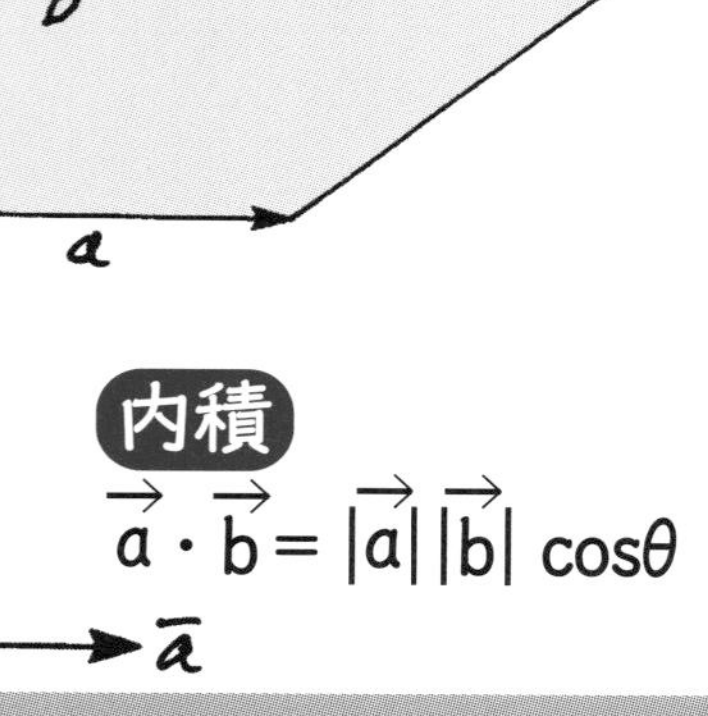

➡ベクトルの外積は２つのベクトルaとbがつくる面積。他方内積は特定方向についてのかけ算で、たとえばbの力で物体を引っ張り、その移動距離がaのベクトルとなったとき、与えられたエネルギーはベクトルの内積となる。

「集合論」という数学

数学の不完全性を立証した数学

インターネットも「集合論」の産物

20世紀はじめまで「数学は完全無欠」と考えられていた。数学は論理のみによって成立する学問であり、そこに瑕疵(かし)があるわけはない、と数学者たちは信じていたのだ。だがこれは幻想であったらしい。それを露(あら)わにしたのが「集合論」の出現であった。

集合がなぜそれほど重要なのか？ それは、集合が「論理」を表す存在だからだ。

だがその話の前に、数学で言う「集合」とは何かを知る必要がある。一言で言えばそれは〝同じ性質をもつ人やものの集まり〟のことだ（集合は英語ではset）。たとえばインターネットの検索がよい例である。集合用語で言うなら、ネットでつながれたあらゆるウェブサイトは「全体集合」、その中でたとえば「数学」と検索したときに現れるサイトの集合は「部分集合」である。これらのサイトはいずれも、数学という言葉を含む集合の「要素（元）」である。逆に「数学」が含まれていなければそれらは部分集合に入らない〝残りもの〟、つまり「補集合」となる。

検索で「数学」の後に「集合」という言葉を加えれば、両方の単語が含まれる新たな集合が出てくる。実はこれは論理学のルールに従っている。このときの検索は2つの条件を満たすサイトを探したのであり、論理学で言う「かつ（and）」の作業だ。他方、論理学の「または（or）」という作業では、「数学」と「集合」の間に「or」というワードを挟む。すると数学か集合のいずれか、または両方が含まれるすべてのサイトが検索される。

論理学の「命題」（＝真か偽かを客観的に評価できる文章や式）はこのように何でも集合で表現できる（**図1**、**コラム1**）。

論理が集合として表せるなら、集合論は数学の基礎である――20世紀の数学者たちはこう考えはじめた。実際、ニコラ・ブルバキという仮名を名乗ったフラ

column 1 命題から生まれる集合とは

{曲a, 曲b, 曲c, 曲d, 曲e, 曲f…}

要素（元）

命題「スウィングしなけりゃジャズじゃない」

あらゆる命題は集合として表せる。たとえば「スウィングしなけりゃ意味がない」というジャズの名曲を例にとり、少し具体的に言い換えて「スウィングしなけりゃジャズじゃない」という命題にする。

この場合、ジャズはすべてスウィングする曲である。だがスウィングする曲はすべてジャズなのか？ 命題を集合として表す（右図）とスウィングする曲が必ずしもジャズではないとわかる。このようにベン図により混乱しがちな命題を視覚的に理解できる。

図1 ⬆「スウィングしなけりゃジャズじゃない」のベン図。灰色部分がスウィングしない曲＝スウィングする曲の補集合。ジャズはスウィングする曲に含まれるが、ジャズ以外のスウィングする曲も存在する。

●ベン図とは？
集合を図式化する方法で、19世紀イギリスの数学者ジョン・ベンが考案した。一般に部分集合を円で表す（図2も参照）。

ンスの数学者集団（**注1**）は、あらゆる数学分野が集合に立脚していることを示した。代数学や幾何学だけでなく、ベクトルや微分、積分などもである。つまり集合とはすべての数学の基礎であり、数学を包含するある種の〝スーパースター〟的存在とまで見られたのだ。

　だがまもなく集合の定義そのものが自らの基礎を揺るがし、その結果、数学という巨大構造物にもひびが入ることになる。

図2 集合の記号・演算

Ā 補集合

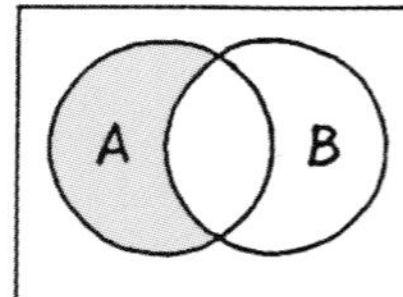

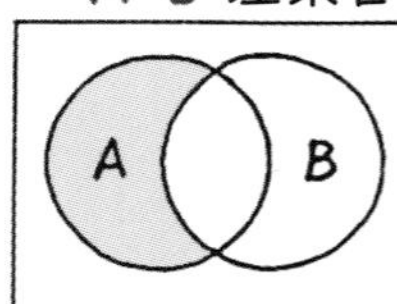

A∩B 共通部分

A∪B 和集合

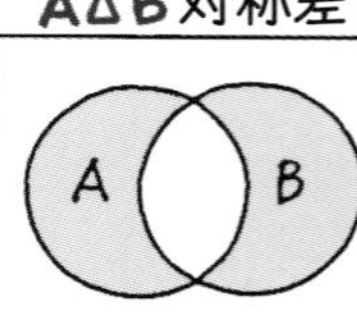

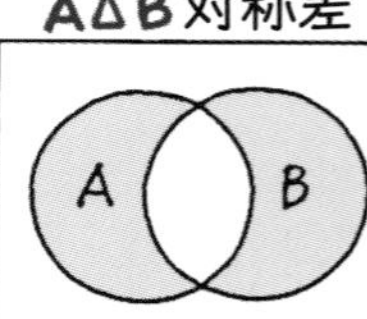

誰が理髪師のひげを剃るか？

「集合」を数学の問題としてはじめて深く考察したのは19世紀後半のドイツのゲオルク・カントール（**図3**）とされている。とりわけ彼は〝無限個の要素をもつ集合〟（＝無限集合）どうしを比較するために「集合の濃度」（**コラム2**参照）という概念を生み出した。

　このときカントールは、集合をつくるただひとつのルールとして「包括原理」というものを用いた。名前は難しそうに聞こえるが、この原理は単純だ。ある集合にある特定の要素が含まれるか否かは特定の性質のみで判定できるというものだ。その性質は、色が黒いとか円形であるとか、長さが1m以内だなど、あいまいでなければ何でもよい。するとこの単純なルールを用いれば、数でも物質でも生物でもあらゆる存在を集合として扱うことができる。

　ところがここに奇妙な矛盾が生じた。イギリスの数理論理学者で後に世界的哲学者として知られることになるバートランド・ラッセル（**図4**）が「ラッセルのパラドックス」（**コラム3**）、別名「自己言及のパラドックス」なるものを示したのだ。ラッセルのパラドックス（もとはややこしい）の象徴的な例として「理髪師のパラドックス」を見てみよう（**図5**）。

　ある男の理髪師が自慢した。

「おれはこの街で自分で自分のひげを剃らない男全員のひげを剃っているのさ」。すると別の男がたずねた。「それならおまえのひげは誰が剃ってるんだ?」。理髪師は口を開きかけたが次の言葉に窮した——

　この状況を集合として考えてみる。理髪師を「自分のひげを剃る男」の集合に入れると、彼自身は「理髪師がひげを剃る対象」から外れる。つまり理髪師は「自分のひげを剃る男」では

注1／ニコラ・ブルバキ▶アンドレ・ヴェイユなどのフランスの新進数学者たちが結成した秘密結社で、彼らは論文発表時にこの架空の数学者を名乗った。彼らがひねり出した経歴によれば、ブルバキはルーマニア生まれの数学者で、「嘘つきのパラドックス」で知られるクレタ島の家系。祖先はナポレオンのエジプト遠征で功績を立てたとか。

カントールの無限集合

column 2

「分数と整数ではどちらが多いか？」——単純な印象では分数（有理数）の方が多い。整数は一定の間隔でしか存在しないが、分数は１の中に無限に存在するからだ。

　だが、カントールによればその見方は間違いである。分数は整数と１対１で対応できる。いいかえれば分数は１個２個…と数えられる。そこで整数の個数を無限のひとつの表現として「$\aleph_0$（アレフゼロ）」とすれば、分数の個数もまた$\aleph_0$個である。このようなとき分数全体の「集合の濃度」は整数と同じだという。

　他方、無理数はすべてを数えようと並べてもそのリストから新たな無理数を作れる。つまり整数と１対１で対応できない。無理数全体の集合の濃度は整数の集合よりはるかに高い。どのくらいかといえば無理数の個数は２の$\aleph_0$乗個——想像もつかない数字である（**注2**）。

図3

注2▶１以下の無理数は小数点以下の数字を無限に並べればつくることができる。２進法でこれを考えると０か１のどちらかが整数全体の個数だけ並ぶということなので、２の$\aleph_0$乗個となる。

図5

A

自分のひげを剃らない男

理髪師

？

B

自分のひげを剃る男

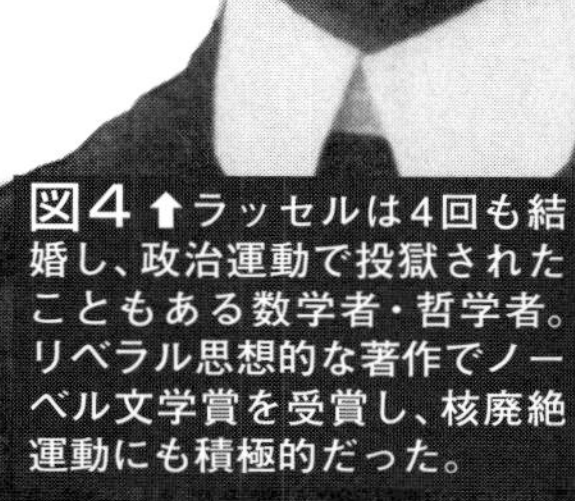

図4 ⬆ラッセルは4回も結婚し、政治運動で投獄されたこともある数学者・哲学者。リベラル思想的な著作でノーベル文学賞を受賞し、核廃絶運動にも積極的だった。

理髪師のパラドックス column 3

「おれは自分のひげを剃らない男全員のひげを剃っている」と主張する理髪師は、自分のひげを剃っているのか？　図の集合Aに入れてもBに入れても矛盾が生じる。

ラッセルはこのように、“自己言及する集合”を考えると矛盾が生じることを示した。具体的には「自分を含まない集合R」を集めた集合R′は、Rに含まれるか否かである。この「ラッセルのパラドックス」では、R′がRに含まれるとしても含まれないとしても矛盾が生じる（注3）。

注3 ▶たとえばR′がRに含まれるとすればR′は「自分を含まない集合」としてR′に含まれる。すると「自分を含まない集合の集合」というR′の性質と矛盾する。逆にR′がRに含まれないとすれば「自分を含む集合」となり、R′には含まれないはず。だがこれはR′が「自分を含む集合」という仮定に反する。

ないことになり、最初の仮定に反する。

だが次にその補集合「自分のひげを剃らない男」に入れると、彼は「理髪師がひげを剃る対象」となる。これもまた矛盾だ。いったい理髪師は自分のひげを剃るのか剃らないのか？　結局どちらの集合に入れても整合性がない。

本来、集合をつくるための包括原理によれば、その際に注目した要素があるかないかによってある集合の一員かどうかを必ず判定できるはずである。これは集合論の「公理」、すなわち証明抜きに正しいとする原則である。にもかかわらず、自己を含む集団について自分がその要素かどうかを考えると矛盾が生じてしまう。

そこで、このパラドックスを回避するために新しい集合論の公理系も提出された。公理系とは、数学のある分野を成立させるためのひとそろいの公理のことだ。だがこの新しい公理系もやはりパラドックスに突き当たった。

公理のひとつ「選択公理」を認めれば、「1個の球を分解して回転・移動し、その後に組み立てると、同じ大きさの2個の球が現れる」という魔術のような出来事が起こるというのである（図6）。

では、あらゆる数学の基礎となるような集合論の公理系は存在しないのか？　数学者の答は「存在しない」というものであった。というより、数学は本質的に内部矛盾を抱えており、その矛盾は決して解消されない——このことが1931年、オーストリアのクルト・ゲーデルによって証明された。こうして、「数学は完全だ」という数学者の夢は完全に潰え去った。●

図6 バナッハ＝タルスキーの定理

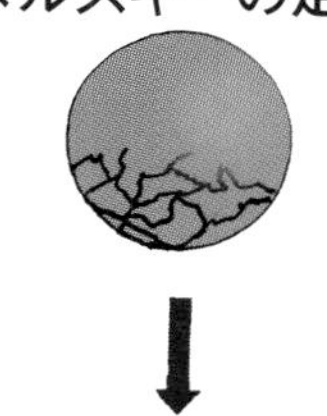

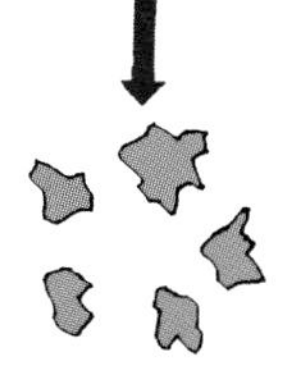

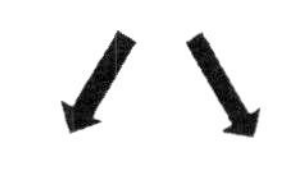

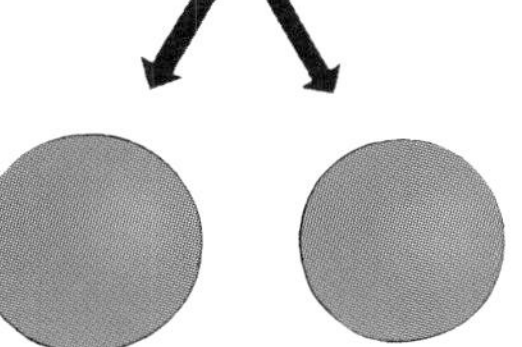

➡集合論の「選択公理」は新たな矛盾をつきつけた。これを認めると、球を５個以上の破片に分割し、それらを操作後にふたたび合体させると同じ大きさの２個の球が生まれるというパラドックス「バナッハ＝タルスキーの定理」が生じる。

注4／選択公理 ▶「空ではない集合」の集合について、それぞれ（要素である集合）から１つずつ要素を選び出せば新しい集合をつくることができるというもの。

「確率」という数学

社会に遍満する確率、されど危うげな数学

確率のABC的ルール

野球選手のホームラン打率、宝くじの当選確率、入学試験の合格率、天気予報の的中率、交通事故の死亡率——われわれの生活にはつねに「確率」がついてまわる。現代人は生まれた瞬間から息を引き取るときまで確率の中で生きているかのようだ。身近にさまざまな確率があふれていると、それが数学の立派な一部であることを忘れてしまいそうでさえある。

確率は「ある出来事がどれほど起こりやすいか」を数字によってとらえる数学である。ある出来事の「起こる確率」が「起こらない確率」より高いなら、その出来事は起こりやすいということになる。あとはどれほど起こりやすいかだけが残っている。

実際には確率はごく単純な数学の一分野である。たとえばポケットから1枚の硬貨を取り出して投げると、それが地面に落ちたときには必ず表か裏が出る。そこで「硬貨が表である確率は何%か?」と問われたら、誰でも答は半々、つまり確率50%と答える。しかし問題はむしろここから始まる。

では硬貨を10回投げたらどうか? ほとんどの場合、表が5回、裏は5回出そうなものだ。だがこれは確率を誤解している人の陥りやすいミスである。実際には10回投げたときに表裏が5回ずつ出る確率は約25%である。一方、表裏どちらかが6回出る確率は約40%に達する(**コラム1**)。

数学でいう確率は、起こり得る出来事(事象)すべてのうち、特定の出来事がどのくらいの割合を占めるかをいう(**コラム3**)。そしてこの問題についての人間の感覚はしばしば狂いがちだ。

あなたが警察に逮捕され、「DNA型が一致した。犯人はきみだ」と言われても真に受ける必要はない。警察は「人間のDNA型は5兆種類もあり、日本人にまったく同じDNA型をもつ者は2人といない」と勝ち誇るかもしれない。水戸黄門ドラマで「この葵の紋所が目に入らぬか」と迫る場面を彷彿(ほうふつ)させる。

だが確率で見るなら、日本人1億2500万人どころか東京都民1400万人いれば、一卵性双生児のような特殊事例を除いたとしても、ほぼ100%の確率で誰かしら2人以上のDNA型が一致する(**コラム2**)。重要な問題でも確率の見方を取り違えるとこうした混乱や誤りが起こる。

確率が存在しない問題

確率にもいろいろな呼び方がある。数学的確率、理論的確率、統計的確率、主観的確率、客観

---

column 1

コイン投げの確率

コインを投げると表か裏のどちらかが上になって落ちる。では10回投げたら表と裏が半々に出るかといえば、そう簡単ではない。投げるたびに表か裏のどちらかが出るので、10回投げたときのあり得る組み合わせは2を10回かけた数($2^{10}=1024$とおり)となる。

ではこのうち表が5回出る確率は? それにはまず10回中表5回の組み合わせが何とおりあるかを調べる。そしてこの数をすべての可能性で割ったときにはじめてその答を得られる。

10回投げて表が5回出る確率の問題は、10枚中5枚の硬貨を選ぶ問題と意味的には同じ。

1枚目選択 2枚目選択………

5枚の並べ方の数………

$$\frac{(10\times9\times8\times7\times6)}{(5\times4\times3\times2\times1)}\div 2^{10}$$

		確率/%
表0回	1	0.0977
表1回	10	0.977
表2回	45	4.44
表3回	120	11.7
表4回	210	20.5
表5回	252	24.6

column 2 日本人のDNA型

$$\frac{5兆-1}{5兆} \times \frac{5兆-2}{5兆} \times \frac{5兆-3}{5兆} \times \frac{5兆-4}{5兆} \times \cdots\cdots$$

2人目が1人目と異なる確率　3人目が前の2人と異なる確率　4人目が前の3人と異なる確率　5人目が前の4人と異なる確率

$$\cdots\cdots\cdots\cdots \times \frac{5兆-(1億2500万-1)}{5兆} \fallingdotseq 0$$

⬆複数のDNA断片の長さを比較している。　写真／James Tourtellotte, CBP

DNAは(一卵性双生児を除けば)ひとりひとり異なるとよくいわれる。だがDNA鑑定で「DNA型が異なる」というときの意味はこれに該当しない。鑑定ではDNA全体を調べるのではなく、個々人のDNAのうち違いの大きい部分を選んで検査する。

警察の考え方は、たとえば日本人に比較的多く存在しそうなDNA型の出現率は4兆7000万分の1、つまり約5兆分の1なので、この鑑定の個人特定率は高いとするものだ(右注)。この数値は世界人口(約80億人)の数百倍なので、日本人も各人が異なるDNA型をもつように思える。だがこれは錯覚である。

各人のDNA型が異なるとは、ある個人のDNAが他の誰とも一致しないことだ。そこで日本人のDNA型を5兆種類としてその確率を求める(式参照)。この計算では確率が0に近づくことがすぐにわかる。慶応大学教授和田俊憲によれば、人口の$\frac{1}{10}$(1250万人)でも、全員のDNA型が互いに完全に異なる確率は0.0001%にすぎないという。

注／DNAの各部位はそれぞれ数種類の型をもつが、日本の警察はそのうち15カ所を調べる。そこで各部位のうち日本人にもっともよく見られる型の頻度をかけ合わせると、その出現率は4兆7000万分の1となる。ただしこの計算では血縁者や各部位ごとの関係は無視される。

column 3 確率と事象

$$確率\ P(A) = \frac{n(A)\ 起こり得る特定の事象の数}{n(S)\ 起こり得る全事象の数}$$

ルール1 $0 \leqq P(A) \leqq 1$

事象Aの発生確率P(A)は0以上1以下である。

ルール2 $P(S) = 1$

全事象Sの確率P(S)は1である。

ルール3 $P(A) + P(Ac) = 1$

ある事象が起こる確率P(A)とそれ以外の事象(余事象Ac)が起こる確率P(Ac)の合計はつねに1である(余事象の定理)。

ルール4 $P(A \cup B) = P(A) + P(B)$

事象Aと事象Bがあり、AとBが同時に発生しない排反事象のとき、A∪B(合併集合。∪は“または”を意味する)の発生確率はAとBそれぞれの発生確率の和である(加法定理)。

ルール5 $P(A \cap B) = P(A) \times P(B)$

事象Aと事象Bが両方発生する確率はAとBの発生確率の積で表される(乗法定理)。

100%
確実である
確率は高い
可能性あり
確率は低い
あり得ない
0%

的確率等々。こうした名称には幻惑されそうだが、これらは確率をどの方角から、ないしは誰の立場から見るかの違いともいえる。理論や結果から導くものなら理論的確率とか客観的確率、特定の個人やグループが判断するものなら主観的確率と呼んでもよい。

たしかにこの世界のたいていの現象は確率的要素をひきつれている。日本人が一生のうちにがんを発症する確率、東京や大阪が10年以内に大地震に見舞われる確率、日本経済が10年以内にデフォルトに陥る確率、東アジアで戦争が起こる確率、巨大な小惑星が地球に衝突する確率——どれも確率として表せなくはない。相当に無理があるが。

だが同時に、この世界には確率とは無縁の出来事や現象も無数に存在する。少年Aが将来すぐれた大学教授になるか大企業の経営者になるか、またはホームレスとして人生を終えるか——それぞれの確率をはじき出せる人がいるはずもない。確率100%を断言できるのは、彼の最後の到達点がひとりの人間としての死ということだけだ。

現実世界の出来事にはさまざまな因果関係が絡み合うため、純粋に数学的確率の問題として扱える問題はきわめてまれである。また人間側の解釈しだいで確率が大きく違ってしまうもの、もともと確率的性質をもたないものの集まり（集合。43ページ参照）もある。前者には「ベルトラン逆説」（**注1**）、後者には「非可測集合」（**注2**）などというものがある。もっともこうした事例は興味をもつ人だけが知ればよいヒマ人のための純粋数学的トピックであり、知らなくても困ることはない。

図1 大地震の発生確率？

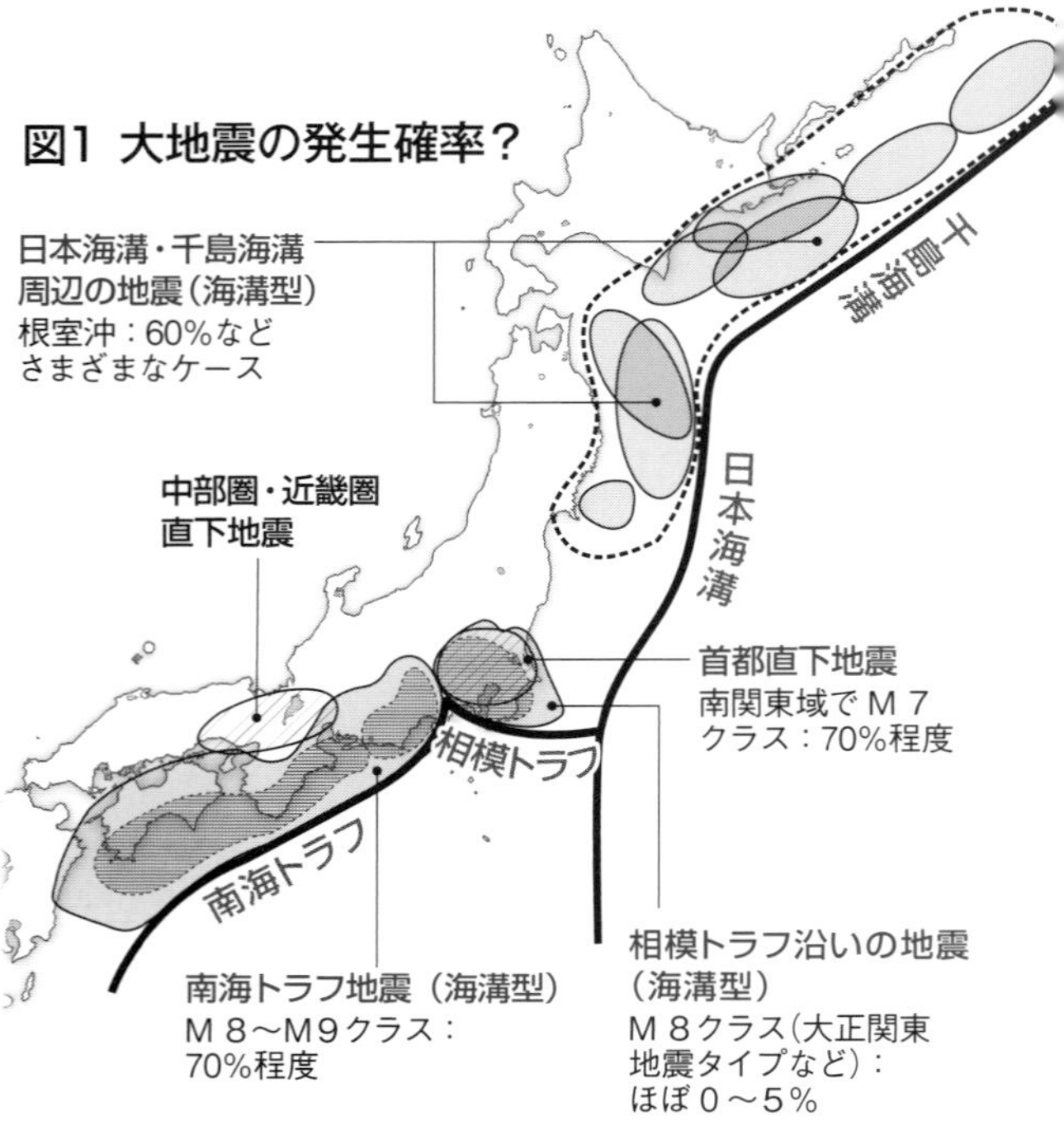

日本海溝・千島海溝周辺の地震（海溝型）
根室沖：60%など
さまざまなケース

中部圏・近畿圏直下地震

首都直下地震
南関東域でＭ７クラス：70%程度

相模トラフ沿いの地震（海溝型）
Ｍ８クラス（大正関東地震タイプなど）：ほぼ０〜５%

南海トラフ地震（海溝型）
Ｍ８〜Ｍ９クラス：70%程度

千島海溝
日本海溝
相模トラフ
南海トラフ

⬆30年以内に震度６以上の地震が発生する確率（2013年版）。しかし震度７の揺れを２回記録した2016年の熊本地震のように、数%の確率でも現実には大地震が発生することがある。　資料／地震調査研究推進本部

南海トラフ地震の発生確率？

日常的に目にする確率には日本人が気にしたくなるものもある。その典型が地震予知なるものだ（**図1**）。日本では1960年代以降、「地震予知計画」に何千億円もの国費を投入した。だが予知は困難と見られるようになり、「予知のための研究計画」などと名称を後退させた（ちなみにアメリカは1960年代に地震予知研究を大々的に行い、地震予知は不可能と結論して計画を中止している）。

ともあれ予知に執着する日本の地震研究者たちは、数十年前から〝南海トラフ地震〟がやってくると主張し続けている。歴史に残る大地震「東日本大震災」（2011年3月11日）を数カ月や数年の単位でさえ予測・予知した研究者は皆無だったにもかかわらずだ。同じ人々がなぜ南海トラフ地震なるものを確率まで持ち出してたびたび予測（予知？）し、なぜメディアが何の疑問もはさまずにそれを報じ続け、なぜ日本国民はそれを黙って受け入れているのか。読者は疑問を抱かないだろうか？

あの領域では過去数十〜200年ごとに大地震が発生しているので、いつかまた起こるのは大自然のなせる業だ。だからずっと起こる起こると言っていれば、そのうち実際に起こったときに「前から言っていたとおりでしょう」とでも言いかねない。

だがそのような予想や予知には社会的意味がない。それが意味のある予知なら、なぜ1万数千人の命を奪った東日本大震災の確率を、地震襲来の直前にさえ誰も口にしなかったのか？ 30年以内の発生確率が30%であろうが70%であろうが、日本列島の住人にとってその違いには何の意味もない。大地震が遠からず来る、ピリオド。

確率とはかくも危うげな数学であり、誰もこれを恣意的に用いて利益誘導したりすることがないように気をつけるべき、ないしは眉につばをつけて見るべき危険な数学でもある。●

注１／ベルトラン逆説 ▶フランスの数学者ジョゼフ・ベルトランの提起した確率のパラドックス（逆説）。円の“任意の弦”の長さに関する問題だが、“任意”をどう解釈するかにより答が変わる。

注２／非可測集合 ▶「可測」とは図形の面積や体積、長さの定義を「集合」に拡張した概念。平面の面積と同様の性質を集合がもつとみなすと“集合の面積”が求められる。だが集合に「選択公理」（複数の集合からひとつずつ要素を取り出して集合をつくる）を用いると、測度が求められない集合が見つかる。

第2章
科学の数学

Mathematics Chapter 2

「相対性理論」の数学

「3人しか理解できない理論」が用いた数学

煩悶するアインシュタイン

アインシュタインは頭を抱えていた。1907年、スイスのベルンにある特許庁事務所に勤めていた時期のことだ。いまだ30歳の青年であった彼はすでに「一般相対性理論」の概念はつかんでいたものの、それを厳密な数式で書き表すことができなかったのである。

彼がその直前の1905年に提出していた「特殊相対性理論」は、「光速はいつ誰がどんな状況で観測しても一定である」という前提を置いていた。彼はここから出発し、物体が運動するとその時間や空間（時空）は伸び縮みすると理論づけ、そこから「（物体の）質量はすなわちエネルギーである」という驚きの結論を導いていた。

特殊相対性理論で示される時空の伸縮の数式はそこまで難しくはない。幾何学的な考え方にもとづけば、おそらく中高生でも導出できる（**コラム1**）。特殊相対性理論の4次元時空を表す「ミンコフスキー空間」（**図4**）となるとはるかに難解になるとはいえ。

ところが一般相対性理論は、同じ「光速一定」の前提を置いていても事情がまるで異なる。というのも、特殊相対性理論が「一定速度で動く物質」の理論だとすれば、一般相対性理論は「加速度をもって動く物質」の理論だからだ。一般相対性理論では、加速・減速したり運動の方向を変えたりする物質が周囲の時空をどう変化させるかを描き出さねばならないのである。

屋根から落ちたトタン屋

アインシュタインが一般相対性理論のヒントを得たのは、新聞に載った「屋根から落ちたトタン屋」の記事だった。これを読んだアインシュタインは考えた。「落下中のこの男はおそらく重力を感じないであろう。だが自身が運動しているために重力を感じないのか、それとも重力が消えたのか、男には見分けがつかないはずだ――」

これは、慣性質量（〝力に抵抗する質量〟。**注1**）と重力質量は同じ（＝等価）であることを意味する。トタン屋は自らの加速度運動によって重力という力を感じなくなったというのである。

では重力を加速度運動と考えると何が起こるのか？ われわれの住む地球という惑星は太陽の重力に引きつけられ、太陽のまわりを1年かけて公転している（**図1**）。地球の軌道は近似的には円であり、太陽の重力が求心力としてはたらく空間を加速度運動していることになる。

ここに特殊相対性理論が予言する時空についての法則をあてはめると、「物体が大きな速度で動くとその空間は収縮する」ということになる。もしこの状態を太陽系の外側から観測する

図1⬇惑星は太陽の重力を求心力として太陽を公転する。
イラスト／NASA/JPL

注1／慣性質量▶物体を動かすとき（摩擦や空気抵抗などがなければ）、物体の質量が大きいほど必要な力は増大する。このときの質量が「慣性質量」。実験的には慣性質量と重力質量が等しいと確認されていたが、理論的証明はアインシュタインによる。

特殊相対性理論

特殊相対性理論では「動いている物体の時間は延びる」という。図3のように高速列車の中で光を天井に当てると、車内と静止している車外の観察者では光の移動距離が異なる。しかし光速はどんな状況でも一定。そこでピタゴラスの定理を使えば、動いている物体の時間がどのくらい伸びたかを求めることができる。

$$\text{動いている物体の時間} = \text{止まっている物体の時間} \div \sqrt{1-\left(\frac{\text{動く速度}}{\text{光速度}}\right)^2}$$

図2 ⬆相対性理論を提出したアインシュタイン。写真が撮影された1931年には量子力学（55ページ参照）の矛盾に頭を悩ませていた。
写真／Doris Ulmann／Library of Congress

図3
進行方向
光路
斜辺＝ct′
高さ＝ct
底辺＝vt′
c：光速
t：車内の計測時間
t′：車外の計測時間
v：物体の速度
車外の観測者

と、運動方向の距離（＝公転軌道の距離）は収縮して短くなっているはずだ。

だがこのとき地球から太陽までの距離、すなわち公転軌道の半径は変化しない。もしそうなら、円周を求める公式、つまり円周率（π）×直径は成立しない。

これは、時空がもはやユークリッド幾何学的な存在ではないことを意味する。時空が物体の運動によってゆがむなら、それはもはや縦・横・奥行きが直交する常識的な座標をもつ世界ではないということになる――

アインシュタインが一般相対性理論の数学的形式の構築にどこでつまずいたか定かではない。しかし、このようなゆがんだ時空で物体が運動し、しかもその動きが時空をさらに変化させるとすれば、それを数学的に記述することがいかに困難だったかは、物理学者でなくても想像はつく。

よくアインシュタインは数学が苦手だったといわれるが、大学入学時も成績は最高ランクであり、むしろ優秀だったはずである。だがたとえばアイザック・ニュートンのように〝新しい数学〟を生み出すほどの才能には恵まれなかったのかもしれない。

図4 ミンコフスキー空間
時間
未来光円錐
観測者
現在
空間
空間
過去光円錐

⬅アインシュタインの教師ヘルマン・ミンコフスキーは特殊相対性理論の数学的枠組みを考案した。「ミンコフスキー空間」と呼ばれるこの図では、座標の上半分は原点から光が届く範囲、また下半分は原点に光が届く範囲を示す。（図では３次元空間の座標ひとつ分を省略）

窮したアインシュタインは1912年頃、大学で同級だった友人マルセル・グロスマンに相談した。するとグロスマンは「まさにそのための数学があるんだ」とアインシュタインに答えた。それが後述する「リーマン幾何学」である。アインシュタインが彼の協力なくして相対性理論を完成させられたか否かは定かでない。ちなみにグロスマンは後に幾何学教授となった。

〝近視眼的な幾何学〟登場す

リーマン幾何学は〝曲がった空間〟の幾何学である。つまりユークリッド幾何学のような直交座標ではなく、球面やひずんだ物体、凹凸のある面などを扱う「非ユークリッド幾何学」だ。

リーマン幾何学を構築したのは19世紀ハノーファー公国（現ドイツ北部）出身の数学者ベルンハルト・リーマン（**図5**）。彼はこの幾何学に「多様体」という概念を取り入れた。多様体の定義は難しいが、具体的な事例をあげればイメージをつかみやすい。たとえば山の姿を描くには、よく衛星写真を拡大して利用したり遠くから観察したりして全体像をとらえる。これは3次元空間の中に山を描く手法だ。

これに対して〝近視眼的〟な手法もある。もちろん眼科的な意味の近視眼的ではなく、観察対象に目を物理的に近づけるというものだ。山全体を把握するために実際に登山して地表の傾斜や起伏を観察し、山の表面の各点について曲率（曲がり度合い）を記述する。こうすると「多様体」としての山の地表を（3次元空間ではなく）2次元の曲面として描くことができる。

いま〝各点〟と書いたが、リーマン幾何学のもうひとつの特徴は、図形上の点を点としてではなく、〝かぎりなく小さな多次元空間〟としてとらえることだ。そして曲率ではなく、「曲率テンソル」という道具を使ってこの微小空間の性質を示す。

テンソルとは「多次元を表すための数学の集合体」のことだ

テンソルとは何か？

相対性理論では、「テンソル」が決定的に重要となる。というのもテンソルという道具を使えば座標変換を行っても変化しない方程式がつくれるため。物理学ではどの座標でも成立する法則が不可欠だ。

テンソルはベクトルを一般化した存在だ。0階テンソルはスカラー、1階はベクトルである。2階のテンソルは2本のベクトルからつくり出される（3階なら3本のベクトル）。たとえば3次元座標ではベクトルは3個の成分で表示されるが、2階テンソルなら3×3で9個の成分が必要になる。

では相対性理論の曲率テンソルに必要な数字は何個か？　曲率テンソルは4階、そして相対性理論は4つの次元を扱うため、4の4乗（4^4）。つまりテンソルひとつに256個の成分が必要になる！（実際には「縮約」と呼ばれる手法で数を減らせるため、最終的には10個になる。本文も参照）

column 3 リーマン曲率

リーマンは曲率をどのように定義したか？　彼の選んだのは、ベクトルを平行移動させて閉曲線（ループ）を描かせる方法だ。ベクトルがスタート地点に戻ったとき、曲率が大きいほどベクトルの向きも大きく変わる。とはいえ変化には曲率のみではなく移動距離も関係するので、向きの変化を閉曲線の面積で割った。そして閉曲線の面積をかぎりなく小さくし、それをある点の曲率と定めたのである。

図5 ⬅リーマン幾何学を構築したリーマン。非ユークリッド的な宇宙についても考察していた。肺結核を病み、39歳でイタリア療養中に死亡。

図6 ⬆ベクトルの2種類の平行移動。ベクトルはスタート地点で同じ方向を示していても、移動の経路により到達点（ここでは地球裏側の赤道）で指し示す方向が変わる。

一般相対性理論の“心臓部”

レーザー光は一直線に走る。このような経路を「測地線」と呼ぶ。物質や光が時空を“まっすぐに移動する経路”のことだ。だが一般相対性理論では、時空の各点でそれぞれ異なる座標系を選べる。このような座標系の“まっすぐ”は何を意味するか？

ここで登場するのが、座標系のつながり方を示す「接続係数」というテンソルである。たとえば屋根から落下中の人間は重力を感じない。一般相対性理論でいうなら、これは隣接する座標系に移動しても変化がないことを意味し、このときの接続係数は0になる。このように接続係数が変化しない経路を選ぶと、それが「測地線」（図8）となる。

図7
測地線の方程式

$$\frac{d^2 x^\beta}{d\tau^2} = -\Gamma^\beta_{\rho\nu}\frac{dx^\rho}{d\tau}\frac{dx^\nu}{d\tau}$$

Γ：クリストッフェル記号

図8 ⬆光や物質の移動経路である測地線。「接線ベクトルが平行移動する曲線」としても定義される。

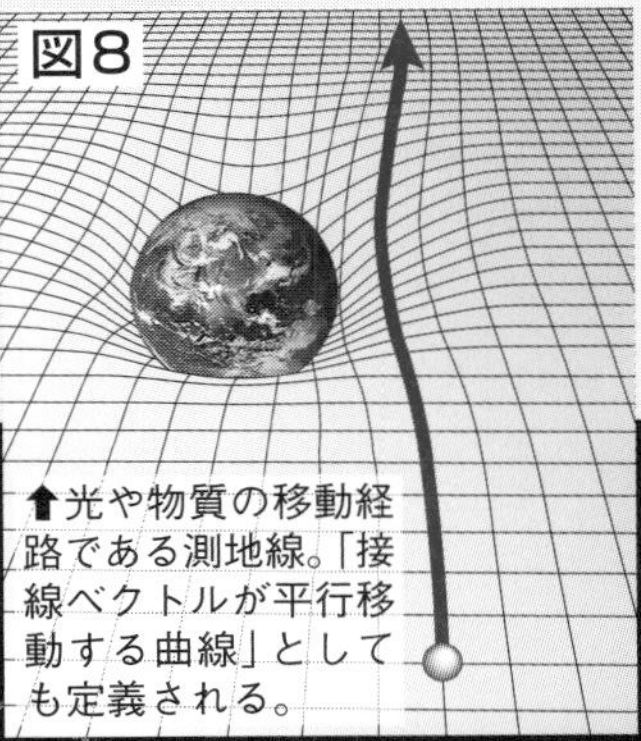

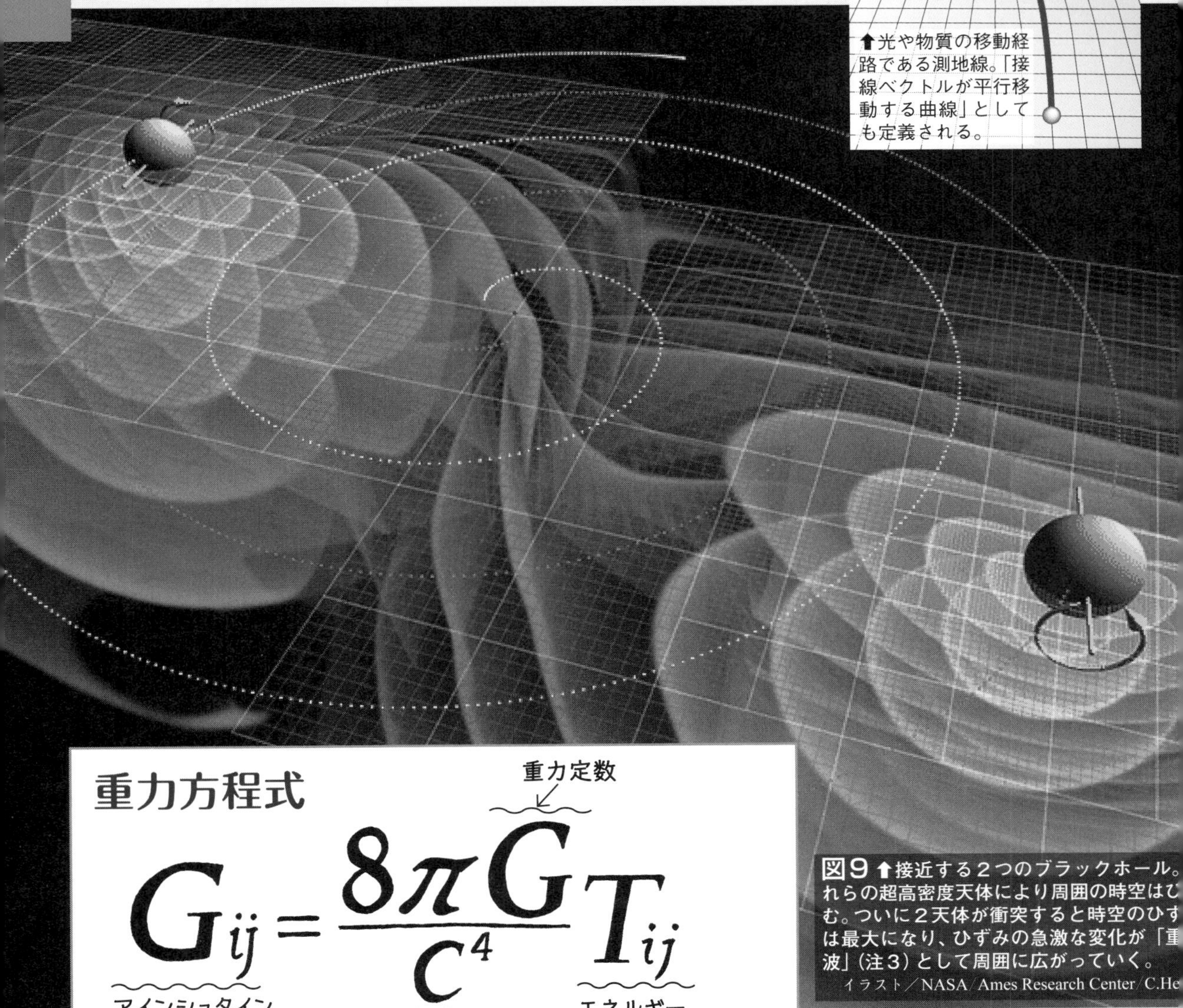

図9 ⬆接近する2つのブラックホール。これらの超高密度天体により周囲の時空はひずむ。ついに2天体が衝突すると時空のひずみは最大になり、ひずみの急激な変化が「重力波」（注3）として周囲に広がっていく。
イラスト／NASA／Ames Research Center／C.He

重力方程式

$$G_{ij} = \frac{8\pi G}{c^4} T_{ij}$$

アインシュタインテンソル　重力定数　光速　エネルギー運動量テンソル

注／テンソルの上付き・下付き文字はテンソルの種類（座標変換に対する変化についての性質）、両方もつテンソルは混合テンソル。

図10 ⬅重力方程式は、右辺のエネルギーによって時空がどのようにひずむかを左辺によって示す式。

（コラム**2**）。「スカラー」（方向のない量）や「ベクトル」（40ページ）もテンソルの一種で、前者は0階のテンソル、後者は1階のテンソルという。

曲率テンソル＝重力方程式？

では曲率テンソルとは何か？このテンソルはベクトルの移動によって定義される。たとえば球の表面のような曲面では、ベクトルを赤道方向に平行移動させてぐるっと1周するとき、ベクトルはつねに同じ方向を指す。ところが、ベクトルを極方向に移動すると、球裏側の赤道に達したときにその向きが変わっている（52ページ**図6**）。このように、曲面上では、ベクトルを動かす経路によって最終的なベクトルの向きが異なる。この性質を利用して各点の曲がり方を示すのが曲率テンソルである。

興味深いことに、リーマン幾何学における〝各点〟は、それぞれ別の座標系を選んでもかまわない。これは一般相対性理論にとっては都合がよい。時空の各点ごとに計算しやすい座標系を選ぶことができるためだ。そしてこの座標系が支配する時空はかぎりなく小さいので、そこでは従来のユークリッド幾何学が成立する。その結果、この微小な時空では特殊相対性理論を利用することができる。

では、肝心の重力はどのように書き表せばよいのか？

一般相対性理論においては、重力とは質量（＝エネルギー）が時空を変化させる現象である。とすると、空っぽの空間では曲率テンソルは0と考えてよいのではないか？　そしてもし物質が存在するときには、それが曲率テンソルを変化させると見ればよい。

リーマンの曲率テンソルは非常に複雑なので（256もの成分をもつ）、省略できるものをすべてそぎ取って操作すると、最終的に「アインシュタイン・テンソル」というより単純なテンソルに変貌する。物質が存在するときにはこのアインシュタイン・テンソルによってゆがんだ時空を示せるはずである。アインシュタイン自身はこのテンソルを「重力ポテンシャル」と呼んだが。

こうして、有名なアインシュタインの「重力方程式」が生まれる（前ページ**図10**）。その右辺は物質のエネルギー（質量を含む）の密度分布、左辺はアインシュタイン・テンソルだ。つまりこの式は、右辺のエネルギーによって時空がどうゆがむかを左辺で示している。ある意味、この式は恣意的ともいえる。それでもこの重力方程式は数学的な必要性にもとづくうえ、一般相対性理論の前提を満たし、かつ特殊な場合としてニュートン力学が成立する式なのである。

一見、シンプルにも思えるアインシュタインの重力方程式は、実際の中身をみるとこのように非常に複雑で難解だ。かつてイギリスの物理学者アーサー・エディントンが、一般相対性理論を理解できる人間は世界に3人しかいないと言い放ったというのもうなずける話である。

その後、この重力方程式は、ニュートン力学では説明がつかない現象、たとえば水星の近日点の移動（**注2**、**図11**）などをみごとに解き明かしてみせた。さらには、ブラックホールのような奇妙な天体、時空が伸び縮みする現象である重力波（**注3**、前ページ図9）などの天体現象をも予言した。これらはいずれも後に観測で確認されている。宇宙のはじまりについての「ビッグバン理論」もまた、一般相対性理論の重力方程式から始まったのである。●

図11

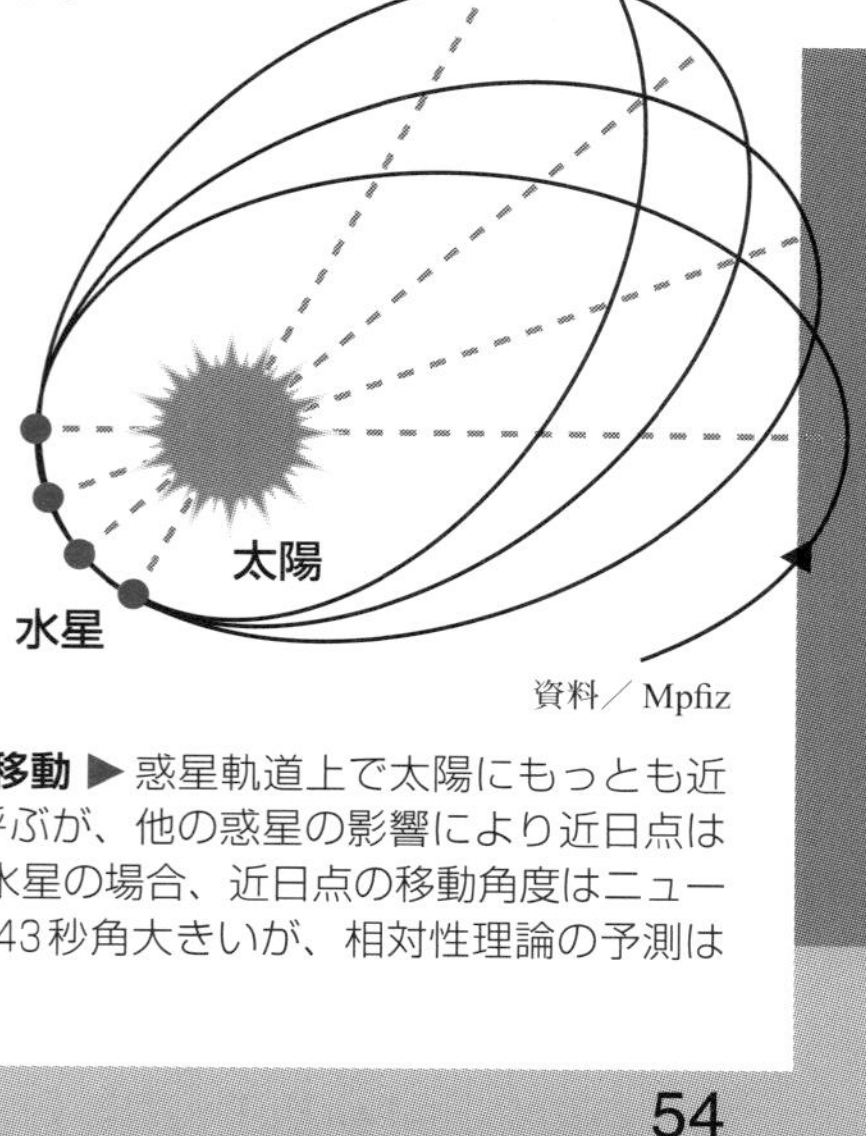

太陽

水星

資料／Mpfiz

注2／水星の近日点移動 ▶ 惑星軌道上で太陽にもっとも近い点を「近日点」と呼ぶが、他の惑星の影響により近日点は少しずつ移動する。水星の場合、近日点の移動角度はニュートン力学の予測より43秒角大きいが、相対性理論の予測は観測と一致した。

注3／重力波 ▶ 質量をもつ物体のまわりでは時空がひずむ。そのため、物体が動くと時空のひずみが変化し、さざ波のように周囲に広がる。これを「重力波」と呼ぶ。

「量子論」の数学

量子の世界はいまも虚実皮膜の間なり

シュレーディンガー方程式の虚数

「量子論」は人間の目には見えないミクロの世界についての物理学である（「量子力学」と言っても基本的に同じ）。この物理学にはある方程式がくり返し現れる。その名は「シュレーディンガー方程式」。

この方程式は長年にわたって世界の物理学者たちを困惑させてきた。それは、式の中の「波動関数」に、2乗するとマイナスになる数、つまり「虚数」が存在するためだ（38ページ参照）。

量子論は、電子や陽子、原子などのミクロの粒子（＝量子）のふるまいや性質を扱う。20世紀前半に物理学者たちの前に姿を現してきたさまざまな量子だが、それらの性質は人間の常識的感覚とはかけ離れていた。たとえば量子はつぶつぶの粒子であるものの、同時に波としての性質をもつことも明らかになってきた。また量子は、ある時点でどこに存在するかを厳密にピンポイントで示すことができない。おかしな表現だが、量子は人間が観測する瞬間まで〝ここにもいるが同時にあそこにもいる〟というのだ。シュレーディンガー方程式はこの奇妙な量子論（量子力学）の真ん中に居座っている。

量子論がいまだ黎明期にあった1925年（日本では大正14年）、オーストリアの物理学者エルヴィン・シュレーディンガー（図2）が、水素原子の中の電子のふるまいを説明しようとしてこの方程式を発表した。

水素の電子がもつエネルギーはなぜか連続的には変化しない。古典的なニュートン力学で考えるとこの現象は理解を超えている。たとえば走行中の電車がスピードを徐々にあげ、時速50㎞に達したとたん瞬時に時速100㎞で突っ走るなどという現象はあり得ない。ところがである。水素の電子は、あるエネルギー状態から別のエネルギー状態へと〝飛び移る〟のだ。

シュレーディンガーは電子のふるまいを（粒子としてではなく）〝波〟として記述し、この矛盾を解消しようとした。たとえばギターやバイオリンなどの楽器の弦は全長がひとつの波として振動したり、または弦の半分のところに〝節〟が生じて2つの波として振動したりする（次ページ図3）。これと同様に、電子も波の振動の変化としてエネルギー状態が瞬時に別のレベルへと飛び移るのではないか？

そこでシュレーディンガーは、波を記述する従来の方程式に倣い、電子を「物質波」として表す式を作った。これがシュレーディンガー方程式である。彼はその中に現れる関数ψ（プサイ）を「波動関数」と呼び、電子などの量子やその集合体のふるまいを表すものとした（次ページ**コラム**）。

実は従来の波を示す方程式（交流の電圧や電流を表す式な

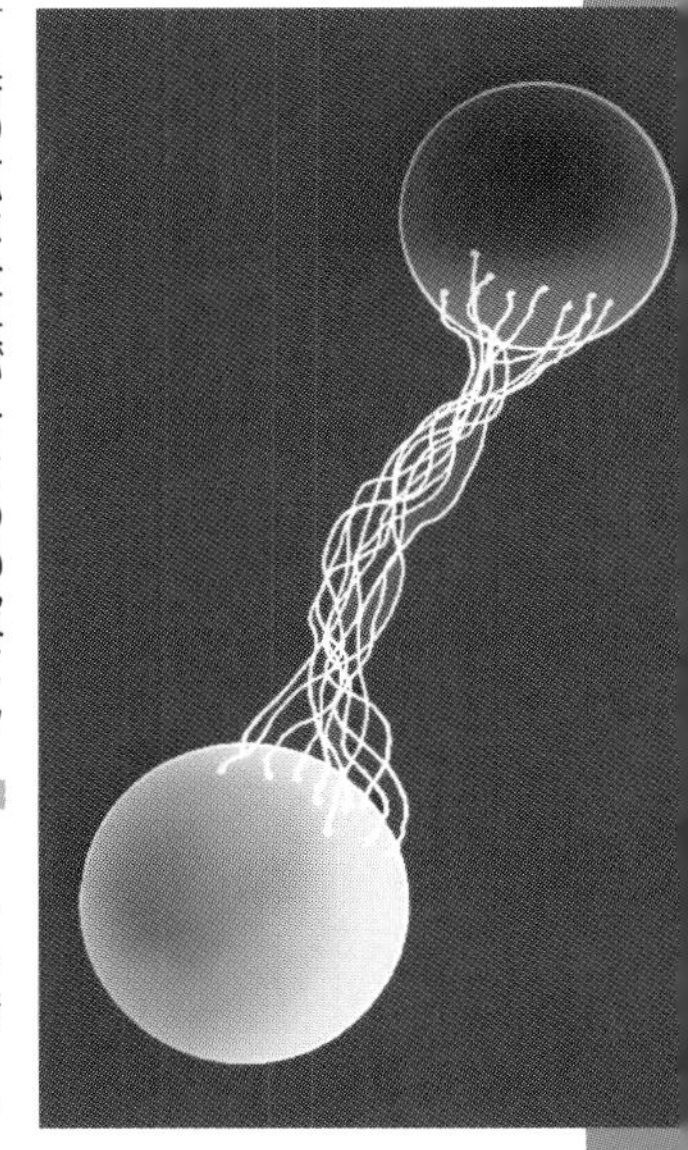

図1 ➡量子のもつれあい（エンタングルメント）。この状態にある量子の片方を観測するとその情報は、瞬時に他方に伝わる？

イラスト／十里木トラリ

$$H\Psi = i\hbar\frac{\partial\Psi}{\partial t}$$

ハミルトニアン

ℏ（hバー）：
換算プランク定数＝$\frac{h}{2\pi}$

プサイ：
波動関数

デル　プサイ

波動関数を時間tで
偏微分する

＊2つの条件

$E=h\nu$

$p=\frac{h}{\lambda}$

E：エネルギー
h：プランク定数
ν（ニュー）：周波数
p：運動量
λ（ラムダ）：波長

⬆シュレーディンガー方程式は、粒子の波動関数Ψ（プサイ）の時間的変化や複数の量子がとり得る状態を示す。

column シュレーディンガー方程式の作り方

　粒子は波としてもふるまう――その様子を記述する波動方程式（シュレーディンガー方程式）はどうすれば得られるか？

　出発点は量子論的な実験にもとづく２つの条件（上の式）。これを一般的な波の方程式に代入し、何度か変形すれば問題の式が生まれる。この式で虚数が出現するのは、変形の途中でオイラーの公式（39ページ）を使うため。このようなときふつうは解を求めると虚数は消えるが、量子の波動方程式では消えない。

図２⬆シュレーディンガーは確率解釈のような量子論的見方に納得せず、「この理論にかかわったことを後悔している」と書き残した。

写真／NAC digital archive

ど）にも虚数は存在する。とはいえこの虚数に物理学的意味はない。波のような周期的現象の方程式では、数学的テクニックを用いて式を変換すると虚数が現れるが、この虚数は計算を簡単にするだけの存在で、容易に消去できる。

　だがシュレーディンガー方程式の虚数はなぜか消すことができない。シュレーディンガー自身もこの問題に苦慮し、電磁気学の研究で名を残したヘンドリク・ローレンツへの手紙に〝消えない虚数〟の不快さを吐露していた。皮肉にもシュレーディンガーは、古典的枠組みに量子をあてはめようとして、より奇妙な問題を抱えてしまったのだ。

　この問題にひとつの解決を示したのはドイツの物理学者マックス・ボルンであった。彼は光の性質にヒントを得て、波動関数自体よりもその「絶対値の2乗」を重視すべきと考えた（**注1**）。光の強度は、光の波の振幅の2乗として表すことができる。同様に、波動関数の絶対値の2乗は〝粒子の存在確率〟を示すのではないか――この見方をとれば、虚数は物理学的な存在としては表面化しない。

　とはいえこれは問題の棚上げとも言えた。波動関数は粒子の状態を表す関数なのだから、それ自体に物理学的な意味があっ

図3　定常波

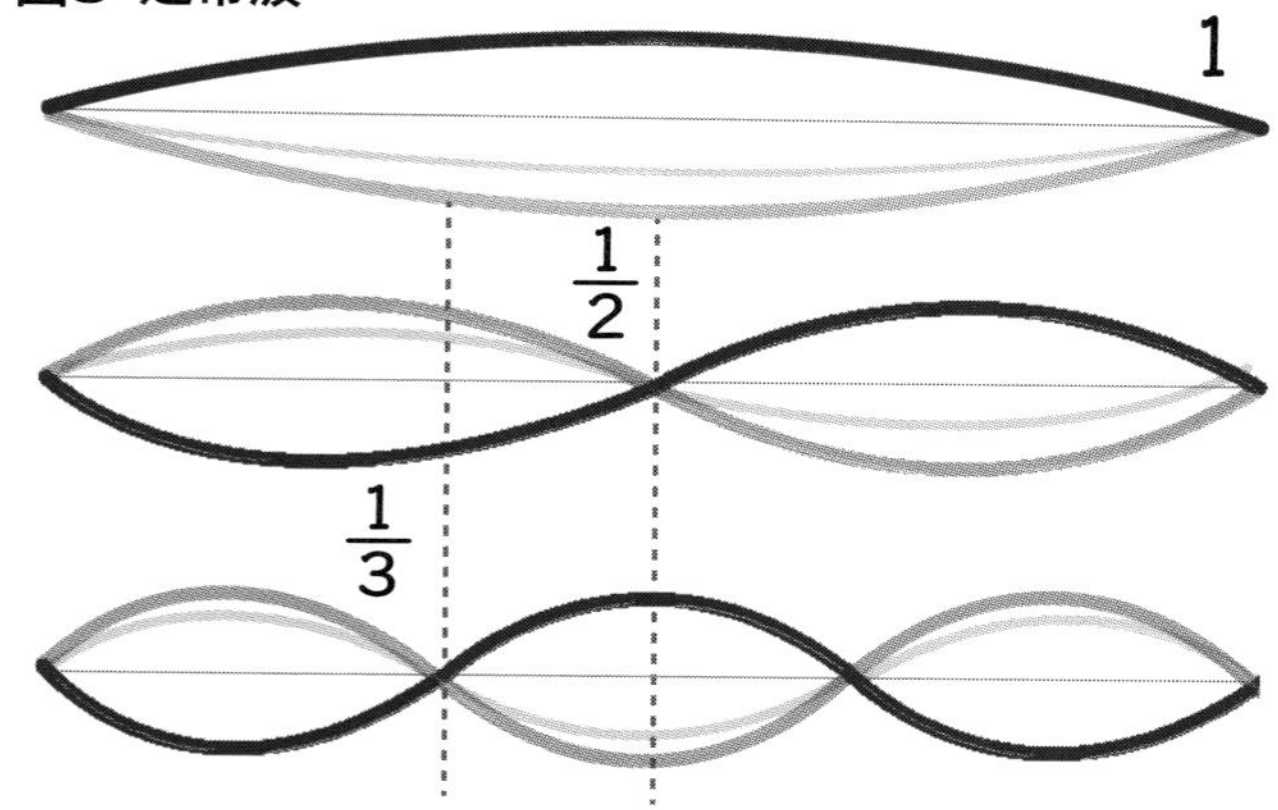

⬆弦の定在波（定常波）。１本の弦は全体でひとつの波として振動するだけでなく、弦を２分した波、３分した波として振動することもある。このとき弦はある振動モードから別のモードに飛び移り、途中段階はない。

注１／絶対値の２乗▶ある時間の波動関数を複素平面（39ページ）に示したとき、原点からの距離が絶対値となる。

図4 虚数の存在を示す実験

⬇"量子もつれ"の状態にある2対の光子（A－B_1とB_2－C）を異なる装置で生成し、3台の検出器（アリス、ボブ、チャーリー）でとらえる実験。実数のみの波動関数では、互いに無関係のはずの2個の光子（A、C）がもつれ状態として観測されるはず。他方、虚数を含む本来の波動関数では、アリスとチャーリーが観測する光子はもつれ状態にはない。

資料／ M.-O. Renou et al., Nature, vol.600 (2021) 625

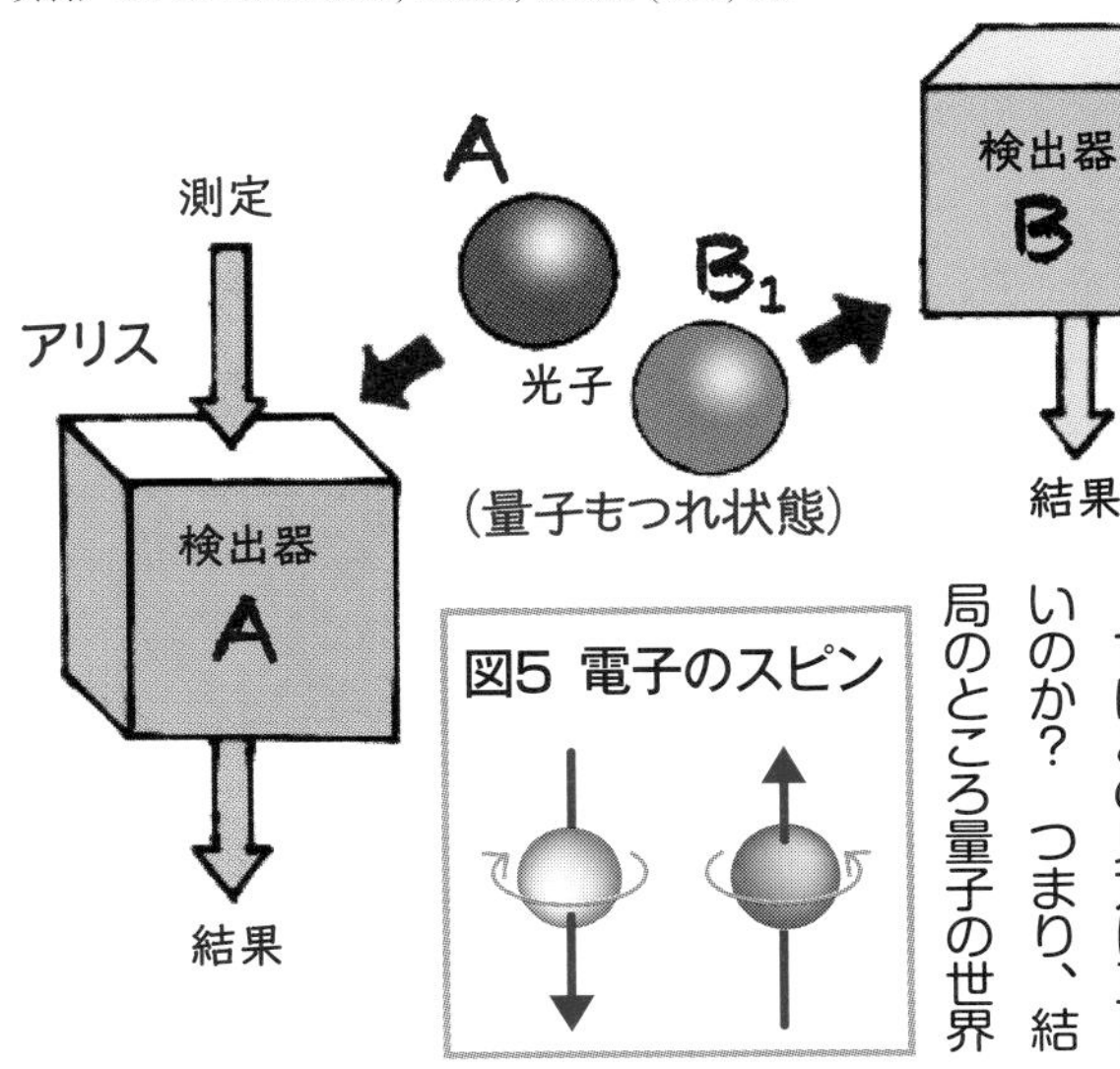

図5 電子のスピン

てしかるべきとする主張は根強かったのである。

虚実皮膜の間なり

かなり後になってふたたび波動関数の虚数に挑んだのは、スイスのエルンスト・シュテュッケルベルクである（**注2**）。1960年代、彼は波動関数を"実数だけ"で記述した。その式は非常に複雑ではあったが、量子を記述しているように思えた。

ではこの見方は正しいのか？ つまり、結局のところ量子の世界に虚数は存在しないのか？

だが最新のいくつかの研究は、波動関数の虚数は必然であることを示している。これらの研究は、量子論のとりわけ奇妙な性質「量子もつれ（エンタングルメント）」を扱っている（**図1**）。これは、量子どうしはもつれている、つまり互いに深く関係し合っているという意味だ。2個の量子がもつれているとき、それらが互いにどれほど遠く離れていても情報は瞬時に伝わるというのだ。

たとえばもつれ状態の電子のペアがあるとき、一方の電子のスピン（**注3**、**図5**）を観測してそれが上向きであると知ると、その瞬間に他方の電子のスピンは下向きになる。ペアが遠方に引き離されても、たとえば北海道と沖縄ほどの距離があっても、あたかも隣にいるかのように観測者の観測行為を"察知して"下向きに変わるというのである。

研究ではもつれ状態の量子を利用した巧妙な実験を用い、実数のみの波動関数と虚数を含む本来の波動関数では、どちらが実験結果をよりよく予測できるかが比較された。するとどの実験でも、虚数をもつ波動関数に軍配が上がった。どうやら波動関数から虚数は消せないらしい。

では虚数は物理学的には何を意味するのか？ それはこれまで見てきたような量子の奇妙な性質に起因するのか、あるいは単に数の概念が広がっただけなのか――たとえばマイナス1本の樹木は存在しなくても数の概念としてマイナスが成り立つように。あるいはまた、ある量子論研究者のいうように「波動関数は物理的実在ではなく"認識論的情報概念"」なので、虚数があっても別におかしくはないということなのか？

この世は虚実混交とか虚実皮膜の間という。実数と虚数が入り交じったシュレーディンガー方程式は、誕生から1世紀近くたったいまも、われわれを困惑させたままである。●

注2／エルンスト・シュテュッケルベルク ▶ スイスの理論物理学者。湯川秀樹と同じ頃に中間子のような「核力」のアイディアを得ていたが、有力な物理学者にけなされ、さらに朝永振一郎と同じ時期に「くり込み理論」の論文を提出して論文誌からつき返された。

注3／スピン ▶ ミクロの粒子の量子的性質のひとつ（図5）。自転に似ているが連続的ではなくとびとびの値となる。電子などのスピンは磁気を生み出し、たとえば磁化した鉄では鉄中の電子のスピンが基本的に同じ向きとなる。

「天文学」が用いる数学

宇宙観測は「三角関数」から始まる

"実地検分"できない天文学

古代の人々は、夜空の星々を見上げて季節の移り変わりを知った。彼らは星々の位置を見て種まきの頃合いや雨期の到来を予測する知恵を身に着けていた。そうした行為を何百年何千年と繰り返すうちに、蓄積された経験や知恵からしだいに数学的な見方が生まれ、ついにそれは「天文学」を誕生させることになった。

天文学は、宇宙のさまざまな天体、すなわち星（恒星）や惑星、銀河などを観測し、それらの天体の特徴や運動、起源や進化の過程などを探る学問である。紀元前3世紀頃にはすでに古代ギリシアの数学者が月や太陽までの距離を計算していた。以降、観測技術の発達とともに宇宙の観測範囲はしだいに広がり、いまでは"宇宙の果て"と言えそうなはるか遠方の天体さえ観測されている。

とはいえ、天体の正確な描像を得ることは容易ではない。われわれ人間が、非常に小さな天体である地球の表面からほとんど離れることができず、そのため宇宙を"実地検分"することもできないためだ。太陽からもっとも近い隣の星であるプロキシマ・ケンタウリ（ケンタウルス座プロキシマ星）まででさえ、最新のロケット推進技術で到着までに1万年以上かかる。ましてそれ以遠の星々はほぼすべて、人間にとって無限のかなたと言えるほどの距離にある。

実験室で天体現象を再現することも困難だ。宇宙のスケールがあまりにも大きく、そこで起こるさまざまな現象のエネルギーレベルがきわめて高いためだ。これが天文学と他のあらゆる自然科学との決定的な違いであり、天文学において数学の役割が非常に大きくなる理由でもある。

実際、星をめぐる惑星の公転軌道を求めるだけでも容易ではない。身近に手に入る天体図鑑などによく描かれているような宇宙の姿は、実際の宇宙のスケールとは似ても似つかない。人間がその運動の様子を直接観測できるのは、せいぜい太陽系内の惑星の相対的な動きのみである。

しかもそれを観測する天文学者が腰を据えている地球そのものも自転しながら公転している。そこでまずある惑星を長い時間、ないし長い年月をかけてくわしく観測し、その結果から推測さ

図1 ケプラーの火星軌道の求め方

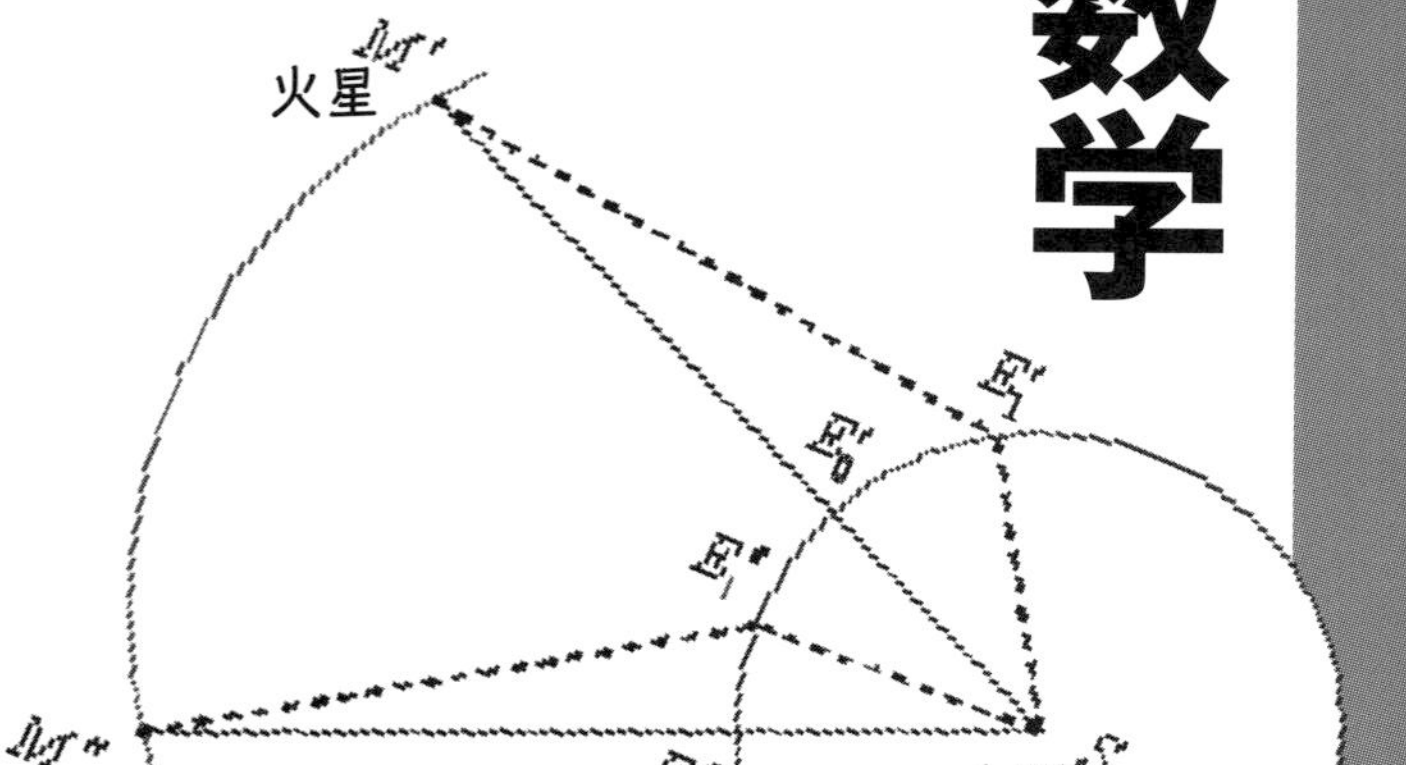

火星
太陽
地球

DDR 50
*1571
Jo. Kepler

⬅⬆ケプラー（左）がティコ・ブラーエの観測結果をもとに火星軌道を求めた手法。地球（E）から見た火星（M）の方角や、背後の恒星の配置から推測した火星の絶対的な位置をもとに、ケプラーは図のような3角形を求めた。これにより地球-太陽（E′-S）と太陽-火星（S-M）の距離の比がわかる。ケプラーはこの作業をくり返し、火星軌道の形を突き止めた。資料／M. Forster, Handbook of the History of Logic, vol.10 (2011) 93

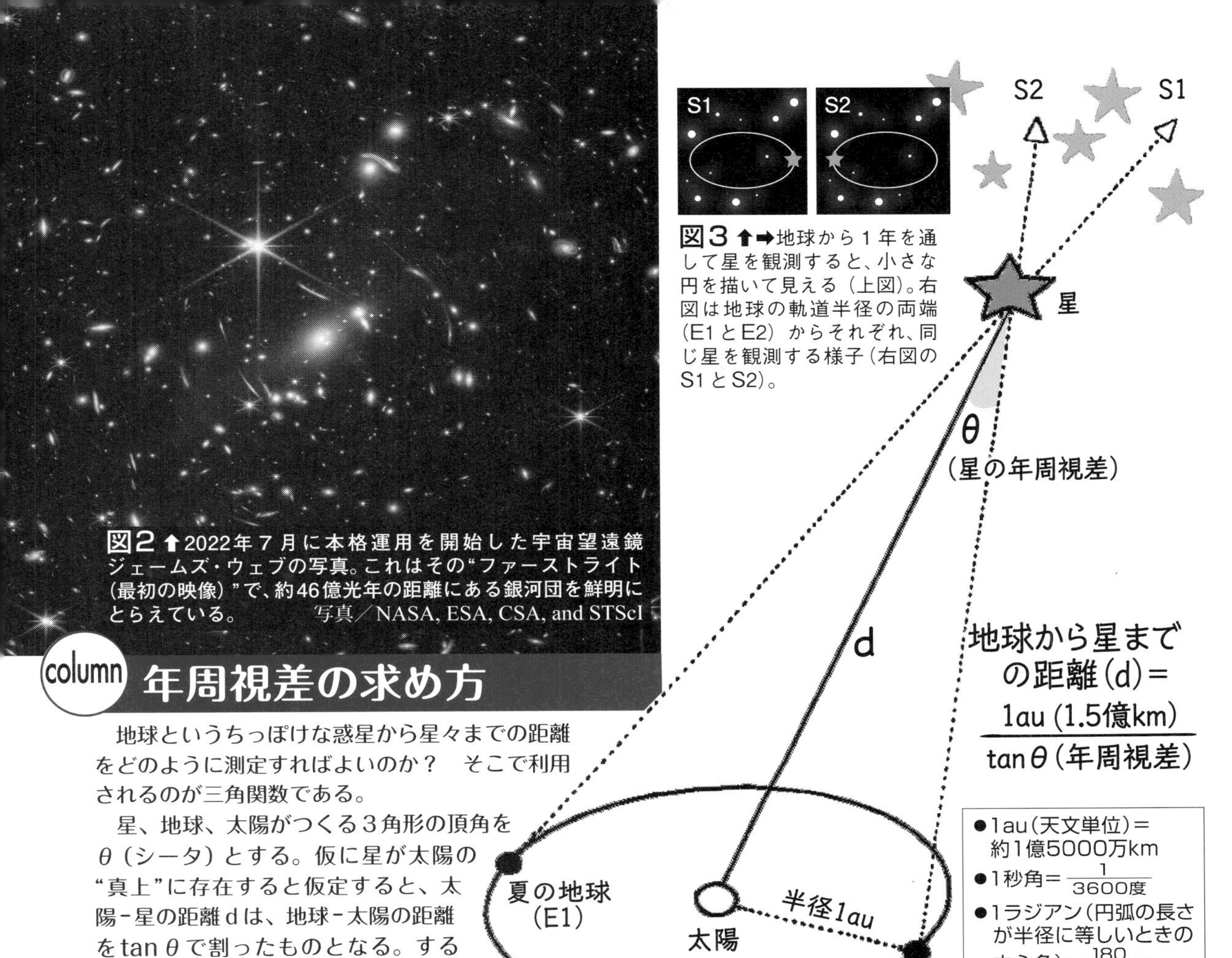

図2 ⬆2022年７月に本格運用を開始した宇宙望遠鏡ジェームズ・ウェブの写真。これはその"ファーストライト（最初の映像）"で、約46億光年の距離にある銀河団を鮮明にとらえている。　写真／NASA, ESA, CSA, and STScI

図３ ⬆➡地球から１年を通して星を観測すると、小さな円を描いて見える（上図）。右図は地球の軌道半径の両端（E1とE2）からそれぞれ、同じ星を観測する様子（右図のS1とS2）。

column 年周視差の求め方

地球というちっぽけな惑星から星々までの距離をどのように測定すればよいのか？　そこで利用されるのが三角関数である。

星、地球、太陽がつくる３角形の頂角をθ（シータ）とする。仮に星が太陽の"真上"に存在すると仮定すると、太陽－星の距離dは、地球－太陽の距離をtanθで割ったものとなる。するとこのdは$\frac{1}{\theta}$と近似できる。

この近似は奇妙に思えるかもしれない。だが実はθが小さくなればなるほど、sinθやtanθはラジアン（角度の単位）のθに近づくのだ。

そのため、問題の角度θさえわかれば星の距離を算出できる。年周視差が１秒角の星までの距離は3.26光年。これは「１パーセク」と定義され、0.1秒角なら10パーセク（32.6光年）となる。星が斜め位置に存在するときにも正弦定理（図４）と近似を利用すれば、同じ計算式を使える。

れる惑星の軌道運動のモデルをつくり出し、観測結果との比較をくり返す。その過程では、複雑で高度な数学的テクニックが必要になる。

そのため、16世紀のティコ・ブラーエのようなすぐれた観測者とヨハネス・ケプラーのような傑出した数学者が登場してはじめて、惑星の公転軌道が理解された。そしてその軌道は、それまで考えられていたような円ではなく「楕円」であることが明らかになったのだ（図1）。

銀河系の歴史を「三角関数」で探る

天文学では、楕円や円などの

図4 正弦定理

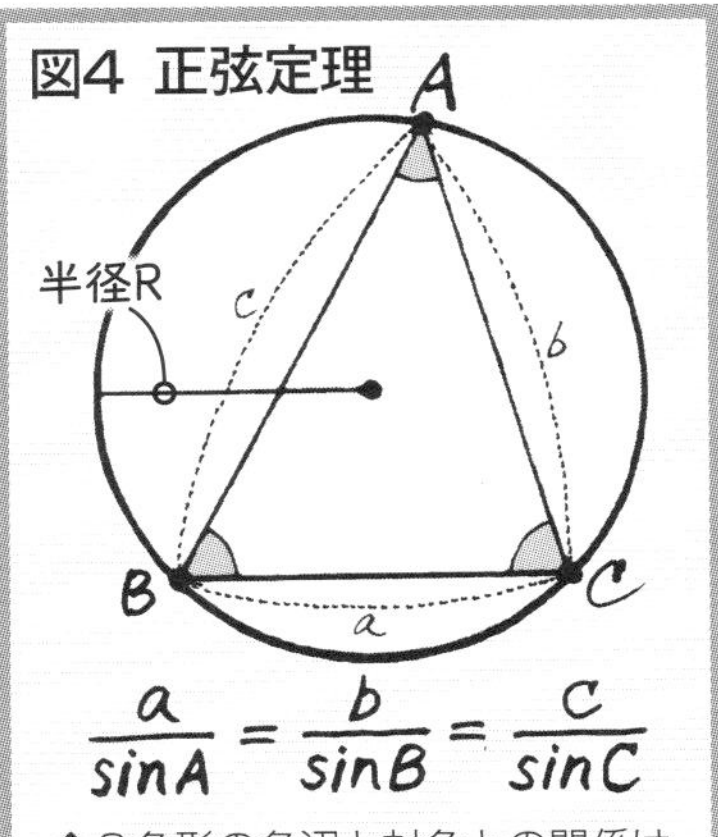

$$\frac{a}{\sin A}=\frac{b}{\sin B}=\frac{c}{\sin C}$$

⬆３角形の各辺と対角との関係は図中の式のようにいずれも同じ。これを「正弦定理」という。各項の値は、この３角形に接する円（外接円）の直径（２R）に等しい。

幾何学のほかにも、放物線や双曲線の方程式、微分や積分、関数、統計など数学のさまざまな分野が利用されるが、ここでは「三角関数」に注目してみる。天体現象を研究するときにはまず天体までの距離を求めるが、それには「三角関数」が不可欠だからだ。では天体までの距離を測定する際には、どんな三角関数を用いるのか？

地球は太陽を1年かけて周回し、冬と夏ではその位置は太陽を挟む公転軌道の反対側、つまり太陽のあちら側とこちら側になる。その間の距離は地球の公転軌道の直径、つまり約3億kmである。地球の公転によって生じるこの距離は宇宙のスケールではごく小さいもの、このずれにより、地球から見たときの遠くの星々の並び方がわずかにずれて観測される。そして地球から近い星ほどそのずれは大きく見える。車でドライブしていると、近くの木々や建物は後方へどんどん移動していくが、遠くの山々はゆっくりとしか動かない。あの現象と同じだ。

そこで、ある星までの距離を求めるには、地球の公転軌道の半径（1億5000万km）を底辺（基準線）とし、その星を頂点とする仮想的な3角形を描く。ここで頂角の角度（＝年周視差）さえわかれば、あとは三角関数を使って距離を逆算することができる（前ページ**コラム1**）。

われわれが生きているこの太陽系にもっとも近い星は前記したように距離4・3光年のプロキシマ・ケンタウリだが、この星でさえ年周視差は1秒（3600分の1度＝約0・00028度）にも足りない。まして多くの星々の距離を求めるにはどれほど高精度の観測が必要かがよくわかる。

ヨーロッパ宇宙機関（ESA）はいま、銀河系（天の川銀河）の3次元地図を、これまでになく詳細につくろうとしている（**図5**）。そのための精密観測を担うのが、2013年にESAが打ち上げた位置天文衛星「ガイア」。この人工衛星は4000億個とも見られている銀河系の星々のうちすでに20億個近くを観測し、うち1億個については非常に精密な測定を行った。

銀河系内だけの観測かと軽く見てはいけない。この地図が完成すれば、その内部の「標準光源」（**注1**）を見いだして、より遠くの銀河の距離を求めることも可能になる。こうしたデータから、宇宙の星々のいわば〝距離の法則〟が数学的に求められれば、宇宙観測の可能性ははるかに高まっていく。

他方、3次元地図が完成すれば、銀河系内の星々の複雑な挙動も見えてくる。すでにガイアの観測により、はるかな昔に複数の小銀河が銀河系に衝突し、その衝撃で新しい星々が誕生したこともわかってきた。われわれの太陽もその銀河衝突の中で誕生した星々のひとつであると見られている（50億年以上前の話である）。

こうして天文学に三角関数という数学を用いるだけで、銀河系のはるかな歴史をも紐解くことにつながるのである。●

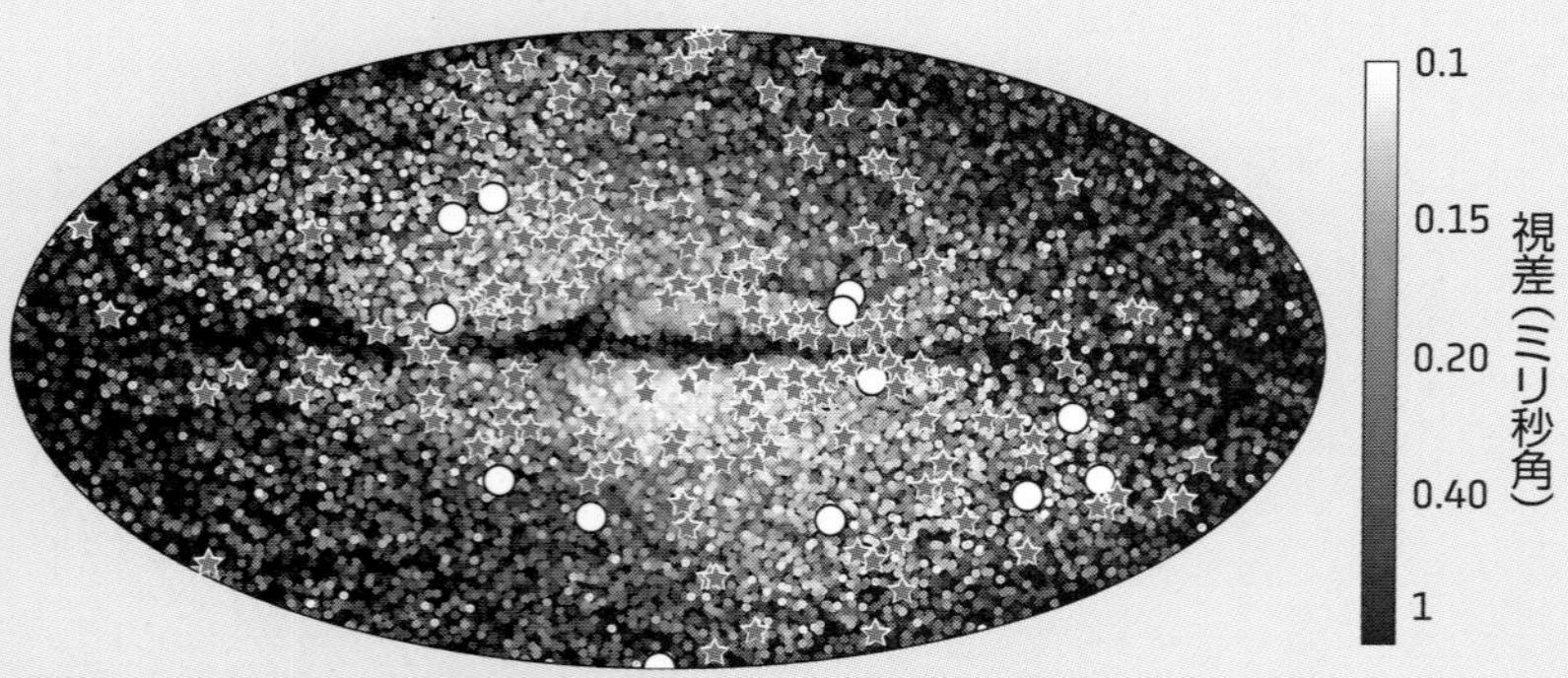

図5 ⬆位置天文衛星「ガイア」はいま銀河系の詳細な3次元地図を作成中。その精度は非常に高く、たとえば銀河系中心の星までの距離を知るために120マイクロ秒（1万分の1.2秒）という極小の角度を測定している。こうした調査は、100億年ほど前に銀河系に小さな銀河（ガイアーエンケラドス）が衝突したことを明らかにした。★印で示した星々は銀河系の他の星々とは異なる方向に動き、もとは小銀河の星だったと見られる。○は同じく小銀河の球状星団と推測された。

写真／ESA/Gaia/DPAC; A. Helmi et al 2018

注1／標準光源▶天体までの距離を突き止める指標となる天体。たとえば星は光度（絶対等級）によって色が異なる。そこで距離が測定された星を標準光源とすれば、他の星もその色から絶対等級を求められる。これを見かけの等級と比較すれば距離を推定できる。ほかにもセファイド変光星（絶対等級と変光周期に相関がある）などが標準光源として用いられている。

恒星	見かけの等級(m)	絶対等級(M)	距離（パーセク）
太陽	−26.8	4.83	0
ケンタウルス座α星	−0.3	4.1	1.3
リゲル	0.14	−7.1	276.1
デネブ	1.26	−7.1	490.8

「アルゴリズム」という数学

作業の命令と順序のリスト

アルゴリズムという名の数学者

「アルゴリズム」という言葉はいまの社会ではほぼ日常化している。それは一見して意味のある英語のように聞こえるが、そうではない。この語の語源は9世紀バグダード（現イラク）の数学者アル・ファーリズミに由来するようだ。彼の名はラテン語読みではアル・ゴリトミとなり、それが英語化されてアルゴリズムになったらしい。

この数学者は〝代数学の父〟とも呼ばれる（そう呼ばれる数学者は他にもいるが）。代数学は英語では〝アルジェブラ〟だが、驚いたことにこの英語も彼の名前そのものが起源。つまりアルゴリズムにもアルジェブラにも数学的な意味はなく、単に人名が多少変化しながらいまに至るまで使われていることになる。

現在のアルゴリズムは、一言で言えばコンピューター科学と一体化している。読者が手にしているスマートフォンから研究機関が動かすスーパーコンピューターに至るまで、ほぼすべてのコンピューター（チューリング・マシン〈次ページ**図3**参照〉、ノイマン型コンピューター。**注1**）がアルゴリズムによって動いているからだ。

と聞くと何やらむずかしそうだが、原理的には単純なシステムである。コンピューターの内部ではアルゴリズムは〝実行命令の一覧表〟の役割を演じている。この命令はたいてい「プログラミング言語」（**図1**）で書かれており、コンピューターはその命令を電子的情報として次々に非常な速さで実行する。

間違ったアルゴリズム

アルゴリズムの適切な日本語を探すのはめんどうだが、もっとも近いのは「計算手順」であろう。文字どおり計算する（あるいは仕事をする）順序という意味だ。

たとえば朝出勤するとき、まず①トイレに行き、②食事をし、③身支度を整え、④靴をはいて、⑤玄関を出る——これはひとつのアルゴリズムとして成り立っている。これなら毎朝スムーズに出勤できそうだからだ。もしこれを、①靴をはいてから、②トイレに行き、③玄関を出てから、④食事して、⑤身支度する、というような手順で行ったらどうか。おそらく容易に出勤できそうにはない。出勤のアルゴリズムに問題があるからだ。

つまりアルゴリズムをもう少しわかりやすく言えば、「問題を処理して解決するための一連の順序立った作業命令」である。いましがたの出勤前の行動のように、作業の順序が不適切だといつ出勤できるのかわからない。無駄な作業を反復することになるかもしれない。逆に、工場でのトラブルの処理、災害時の避

図1 ⬆コンピューターに作業（タスク）を実行させるプログラミング言語。個々のタスクに対する用語が正確に定められており、順序正しく指示されていないと途中で堂々めぐりしたり停止したりする。

写真／Martin Vorel

注1／ノイマン型コンピューター ▶ コンピューター（ハード＝装置）にプログラム（ソフト）を実行させる汎用型のコンピューターで、ノイマンの名はその原理を生み出したアメリカの数学者ジョン・フォン・ノイマンに由来する。これに対して非ノイマン型コンピューターは装置の配線や歯車、スイッチなどを用いて機械的にプログラムされており、特定の処理を実行する。

難手順のような非常時対策については、何をすべきか一連の行動をアルゴリズムとしてあらかじめ定めておけば、被害を最小限に抑えられる可能性がある。

　コンピューターも、仕事を処理するときにはアルゴリズムに従って〝計算〟という作業をやる。逆に計算以外のことは何もやらず、やろうとしてもできない。昔はコンピューターを電子計算機と呼んでいたが、そもそも〝コンピューター〟という英語の意味がそのまま〝計算機〟である。

アルゴリズムの条件

　アルゴリズムには一定のルールがある。たとえばアルゴリズムが途中で枝分かれする場合は、次にどの選択肢をとるかを判定する基準が必要になる（**図2**）。人間は、その基準があいまいな場合には自己流の判断でどちらかを選ぶが、コンピューターにはそれはできない。コンピューターはあくまで計算機なので、数値化された情報が設定基準に合えばイエス、合わなければノーの道筋を機械的に選択する。基準があいまいなら、コンピューターはそこで足踏みして前に進まない。

　そのためにコンピューターのアルゴリズムは、次に何をすべきかをコード（＝命令やデータ）によって非常に細かく指示することになる。プログラマーと呼ばれる人々はこのコードを「コンピューター・プログラム」として書く。

　つまり、アルゴリズムは必ず論理的な道筋を通り、その道筋に沿って進むと最後は何らかの回答（停止状態）に到達できるものでなくてはならない。どこまで行っても問いかけに対する回答が得られないなら計算作業は無限に続くか、ないしは機械的な停止が起こることになり、そこからは何も得ることができない。

　近年の〝AI（人工知能）〟と呼ばれるコンピューターシステムにはかなりの進歩が見られる。アルゴリズム自身が統計や確率を用いて自分自身を書き変えるしくみをもつようになっているのだ。これによりイヌとかリンゴとかの画像をかなり正確に判別したり、多少意味の通る翻訳なども可能になっている――現

図2 父と子の会話アルゴリズム

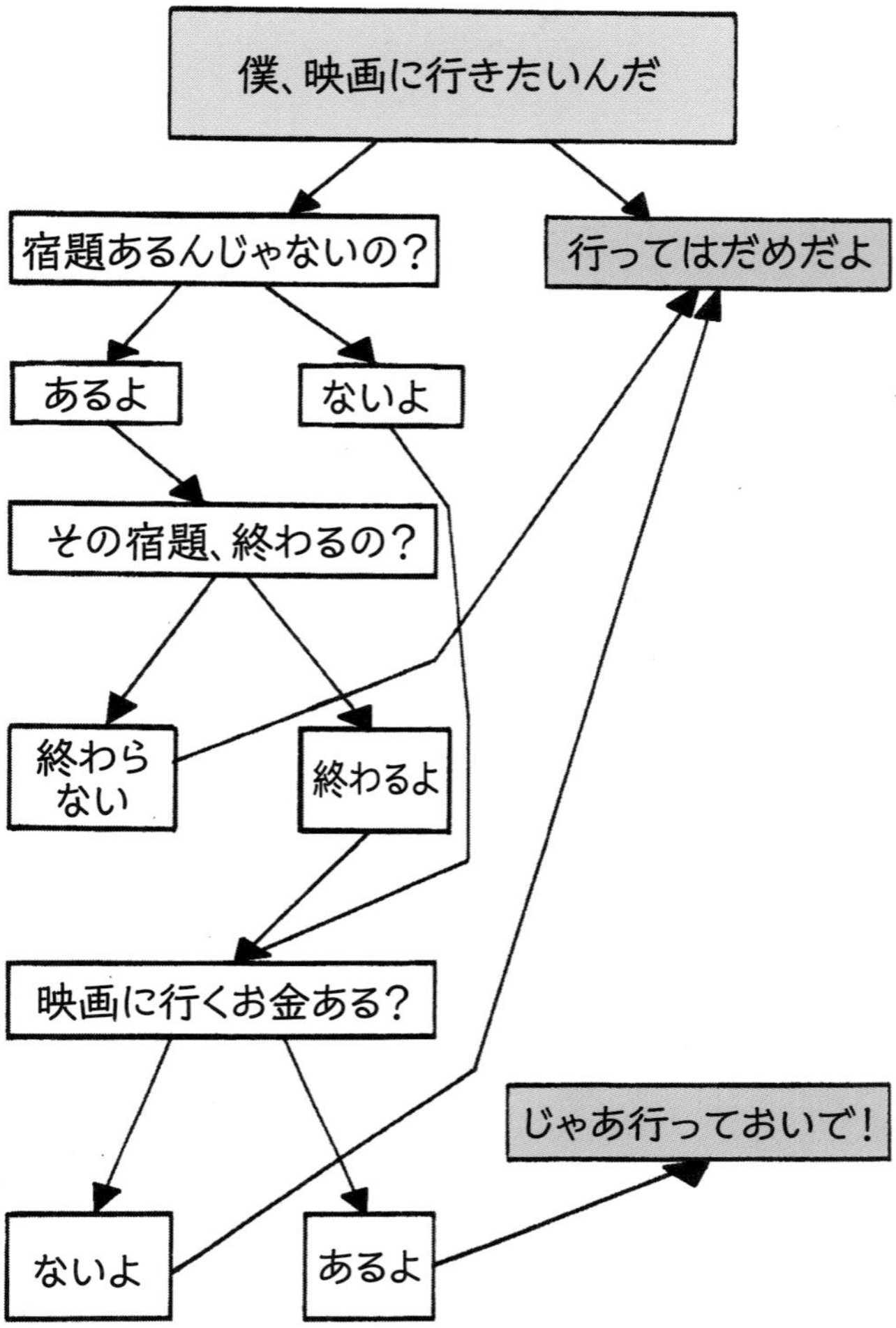

⬆日常でもしばしばアルゴリズム的な判断が行われる。状況に合わせてあり得る複数の選択肢を示し、条件が合致する枝に進む。このアルゴリズムでは「行っておいで」または「行ってはだめだよ」がゴールとなる。　参考／Jonathan

図3 ➡20世紀イギリスの数学者アラン・チューリング。第二次世界大戦中ナチスが用いた暗号「エニグマ」を解読するために開発された一種のコンピューター「ボンバ」を大改造したことで知られる。プログラムとその読取り装置からなる仮想的コンピューター「チューリング・マシン」を考案し、答の出ない問題もあるという数学の「停止性問題」などにも貢献。戦後同性愛者であることが発覚して収監され、ホルモン治療によってうつ状態となり、青酸カリの実験で死亡。自殺と見られる。

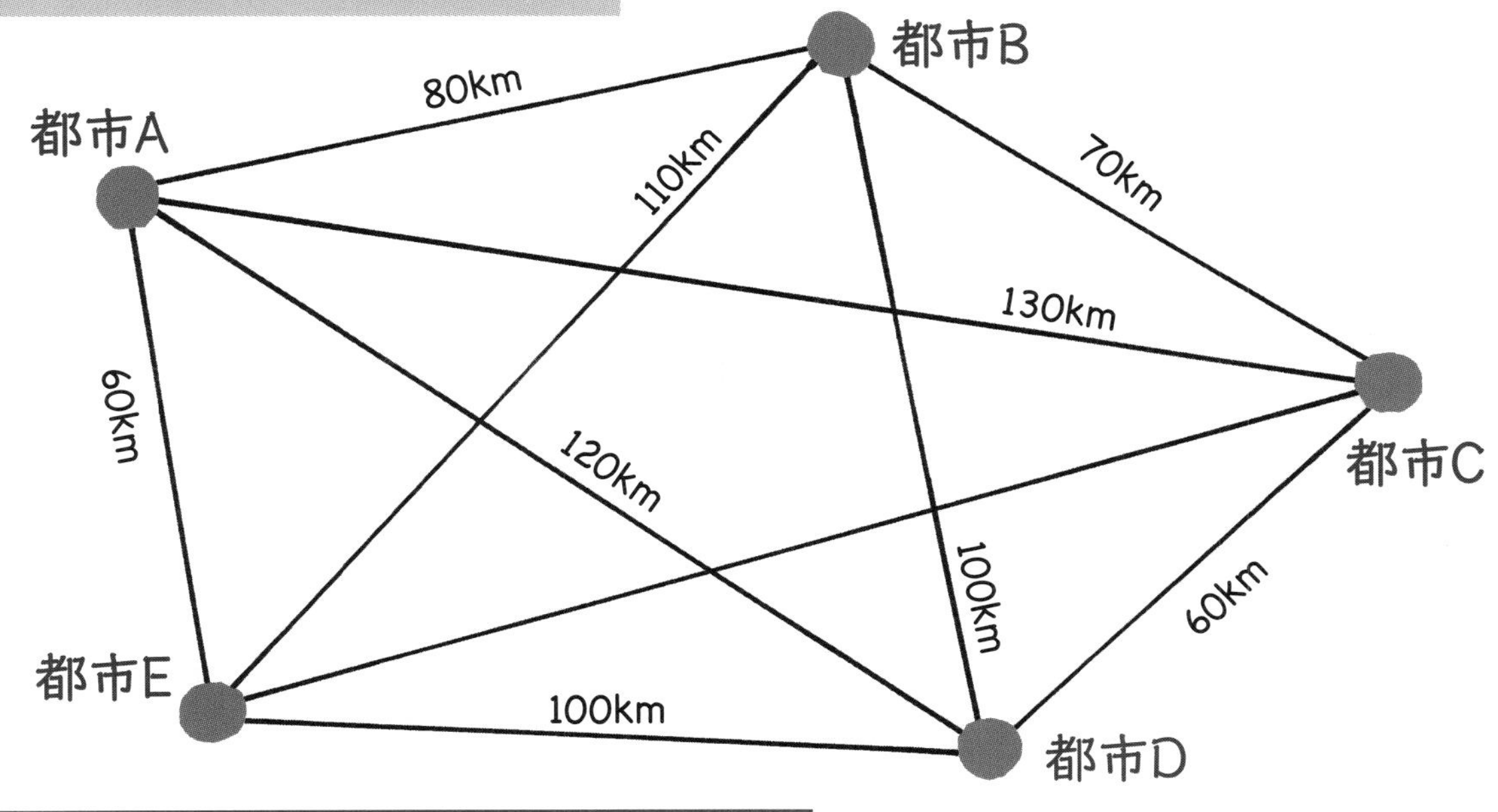

↑巡回セールスマン問題は、「最適解」ではなく「近似解」であればアルゴリズムを利用して解くことができる。たとえば出発点から①未訪問の都市を探し、②そこから最短の都市を選び、③その都市を経路として記録した後、①に戻って同じことをくり返す。

column アルゴリズムで解けない問題?

問題自体はごく単純でも、アルゴリズムをコンピューターで走らせただけでは答が出ない問題もある。上図の「巡回セールスマン問題」はそのひとつ。

あるセールスマンが複数の都市を巡って商品を売り込む。このとき最短の経路はどれか？　都市を訪れるのは1回ずつなので、一筆書きで最短ルートを探す問題だ。数学では「組み合わせ最適化問題」という。それがなぜ解けないかといえば、訪問都市が増えるとあり得る経路の選択肢が爆発的に増加し、現在のコンピューターでは計算にとほうもない時間がかかってしまうためだ。現実社会ではこのような例は少なくない。

だがこれを近似的に解くアルゴリズムは存在する。たとえば暫定的な答を出し、経路の一部のみを交換することでより短い順路を探る局所探索法、現在地から最短の都市を探す最近傍法などである。

状では不自然かつ非常に不完全なものではあるが。

少なくともよくできたアルゴリズム+コンピューターなら、人間よりはるかに高速で効率よく計算をこなすことはできる。そしてこの特性を、物理学や天文学、数学、情報処理、経済分析、社会秩序のルール、医学、土木建築、気象、教育等々のあらゆる分野の効率化に利用することができる。現代社会も近未来の社会もアルゴリズムの手法なしには成り立たないと思わせるほどだ。

ただしこのシステムには、人間の脳のように未知の新しいものを生み出したり、社会の状況を嘆いたり喜んだりする能力がつゆほどもない。迷うという精神活動にも近づけない。どこまで高性能化しても人間には近づけない。それはもともと、愛情も勇気も同情も落胆も決意も思想も解さないただの計算機械、自動化装置だからである。●

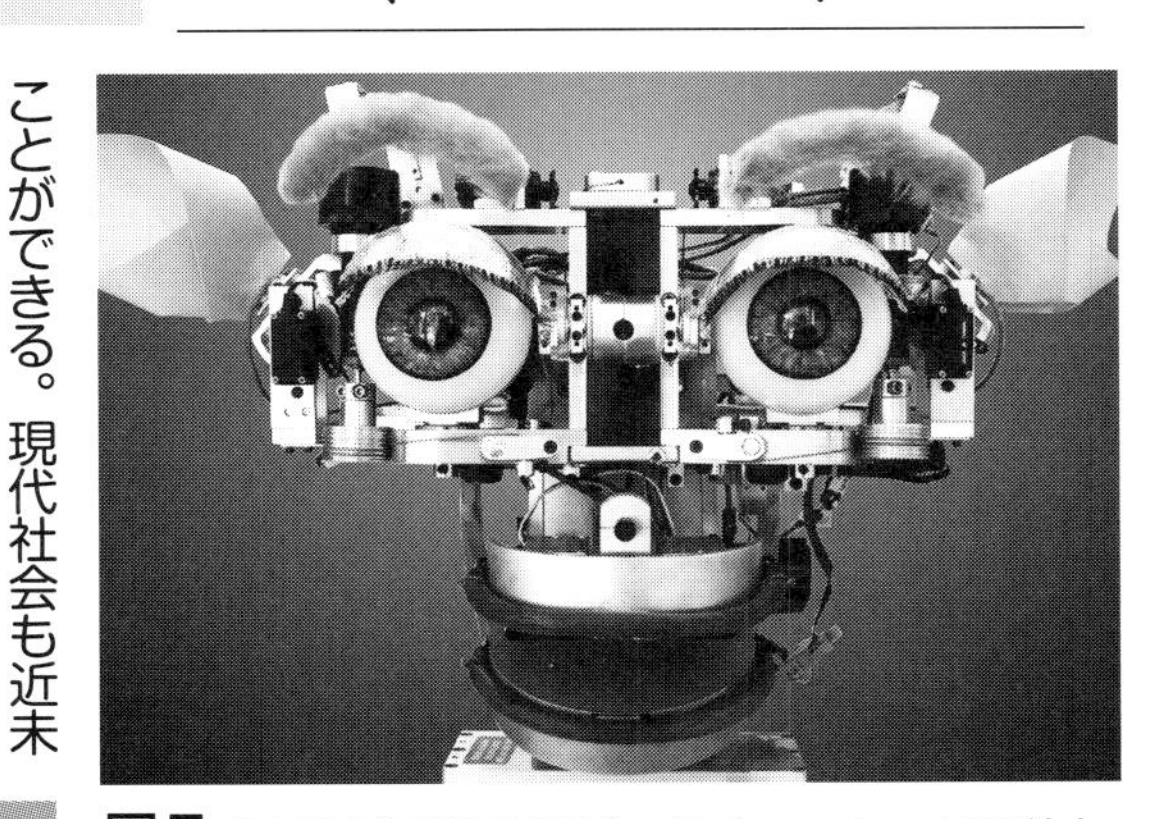

図5 ↑1990年代にMIT（マサチューセッツ工科大学）で制作されたAIロボットのキスメット。人間の感情をまねるが感情があるわけではない。現代のAIは自身のアルゴリズムを組み換えることができ、感情に似せた表現や対象の判別能力はより高くなったが、人間や動物のような知能や感情はまったく獲得していない。

写真／Rama/MIT Museum

「フラクタル」という数学

人間も自然も〝くり返し〟が好き？

部分は全体と同じ？

40年ほど前の1980年代、『ネバーエンディング・ストーリー（はてしない物語）』（原作／ミヒャエル・エンデ）という映画が世界的にヒットした。そこで描かれる世界は茫漠として始まり、茫漠として終わる。どこがはじまりでどこが終わりかわからない。このタイトルのようなストーリーは、人間の世界にも自然界にも存在する。そこでは昨日も今日も明日も、よく似た行動や形がくり返される。どうやら人間も自然も同じことをくり返すのが好きらしい。

自然界には同じ形（パターン）をくり返す動植物があちらこちらで生息している。そのようなパターンが示す性質や特徴を「フラクタル」と呼ぶ。

フラクタルは幾何学の用語で、どこまで行っても終わることのない〝反復パターン〟のことだ。そのようなパターンは、いろいろな大きさ、いろいろなスケールですべて同形である。つまり大中小の幾何学的な同じ形が際限なくくり返される（**図1**）。

フラクタルの最大の特徴は「部分は全体と同じ」という性質をもっていることで、自然界はこのような特徴を得意としている。ちょっと森の中に入ると、そこにはフラクタルが顔を出している。森をつくっている樹木は自らの成長のために自分そっくりの自己相似的コピーをつくりだし、そのプロセスを休みなくくり返す。

とりわけ鮮明な事例は、どこかの畑で栽培されているはずのカリフラワーの一種ロマネスコである（**図2右**）。ロマネスコに徐々に近づきながら観察すると、どこまで行っても全体と同じ形が圧縮されながら次々に現れる。ネバーエンディング・ストーリーの実践さながらだ。

こうした現象が起こるのは、ロマネスコの花の集まりの先端に花芽がいくつも生まれ、それらの先端にさらに花芽が生じて……というくり返しによって一定の幾何学的パターンが生じるためと見られている。

フラクタルは地上のさまざまな風景の中にも出現する。代表的な事例は、リアス式海岸の海岸線が長年の波の浸食によってフラクタルをなしている風景であろう（**図2左**）。他にも、鉱

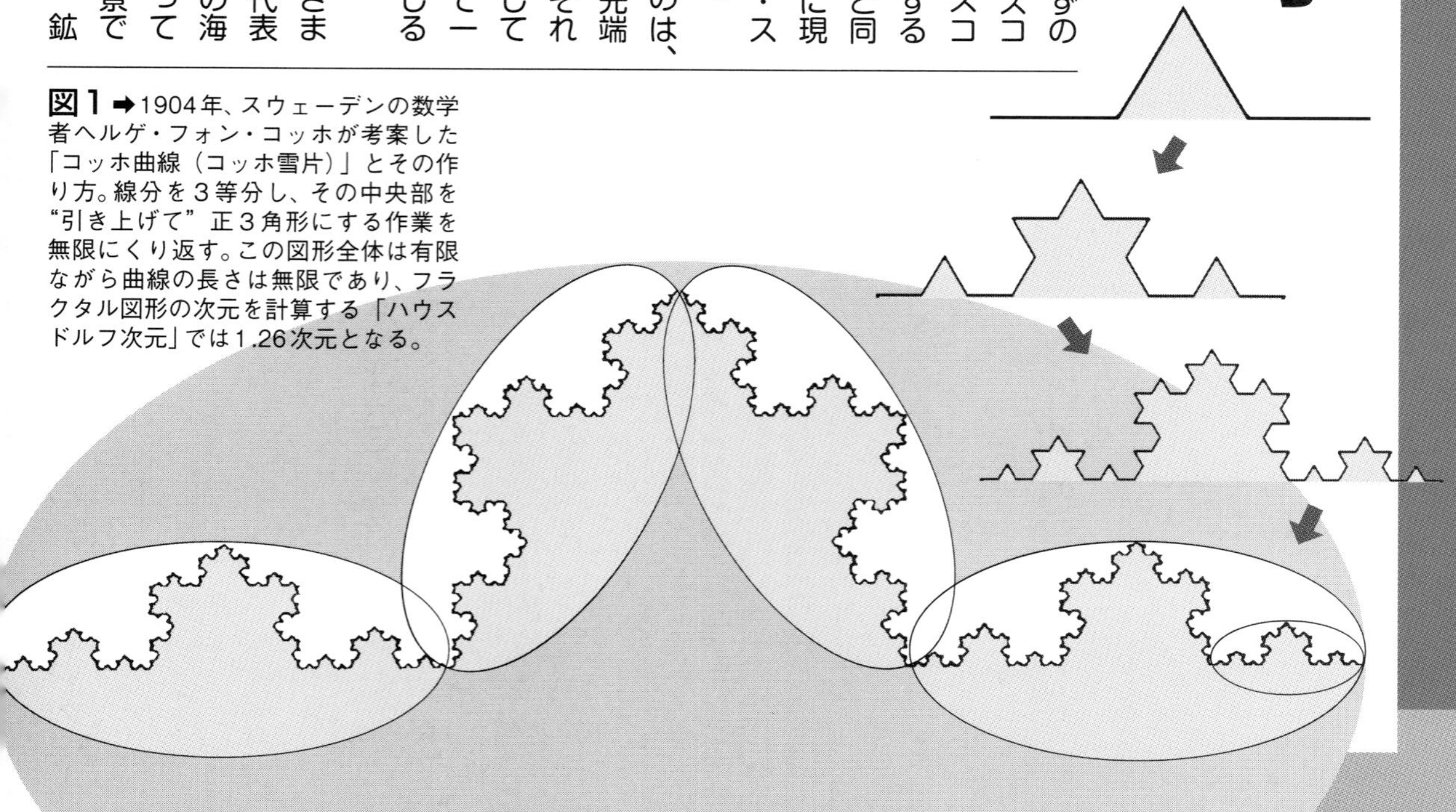

図1 ➡1904年、スウェーデンの数学者ヘルゲ・フォン・コッホが考案した「コッホ曲線（コッホ雪片）」とその作り方。線分を３等分し、その中央部を“引き上げて”正３角形にする作業を無限にくり返す。この図形全体は有限ながら曲線の長さは無限であり、フラクタル図形の次元を計算する「ハウスドルフ次元」では1.26次元となる。

自然界のフラクタル

物の結晶、貝殻の成長文様、液体の表面に現れる乱流、渦巻銀河の形成などが、そろいもそろって自らの〝フラクタル化〟を実践している。

〝フラクタル男〟出現す

もっとも、フラクタルと呼ばれる形状は、われわれの視覚や感性が受けるおおざっぱな印象である。数学的な厳密さでそう呼んでいるわけではない。そこに、フラクタルを定量的に（数学的に）定義しようとする男が現れた。フランスの数学者ブノア・マンデルブロ（1924〜2010年）だ。

彼はフラクタルに入れ込みすぎて、私は〝フラクタリスト〟だと自称したほどだ。いわばフラクタル男である。そもそもフラクタルという言葉を最初に言い出したのはマンデルブロである。フラクタルの語源はラテン語のフラクタス（fractus）で〝破片〟や〝壊れる〟といった意味。英語の断片雲の語源でもあるようだ。とにかく彼はフラクタルを数学的に扱おうとした。

彼の業績でもっともよく知られているのは「マンデルブロ集合」（次ページ**コラム**）というものだ。これはときに〝もっとも美しい数学のひとつ〟とも呼ばれるらしいが、それは数学的にではなく美学的な観点からの評価である。

すでに見たように、フラクタルは単純なルールのくり返しに

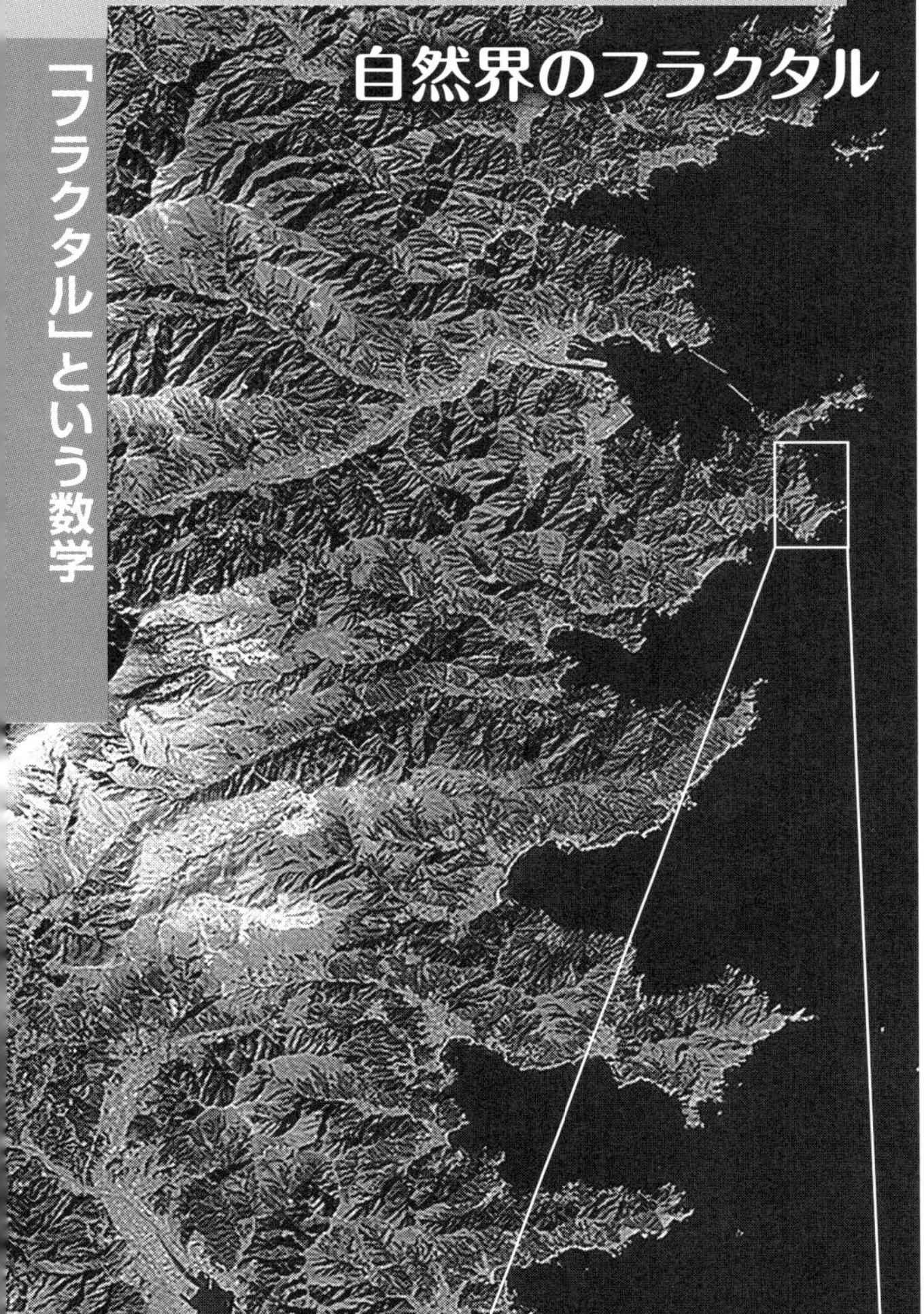

図2 ⬆➡三陸のリアス海岸（上）は波の規則的な打ち返しによる浸食で生まれた典型的なフラクタル構造。突端の岬を拡大するとふたたび岬に似た形が見えてくる。右はカリフラワーの仲間ロマネスコ。つぼみの集合体が円錐形をとり、その円錐がさらに大きな円錐をつくり…と同じ形態がくり返されている。上写真／JAXA　枠内／Image©2022 TerraMetrics　Data SIO, NOAA,U.S.Navy, NGA, GEBCO　右写真／Rlunaro

よって生じる。マンデルブロ集合もまた単純なルールから生まれる数列（16ページ参照）である。たとえばある項の関数が次の項になる数列を考える（**図4**）。

このとき関数に虚数（2乗すると−1になる数。38ページ）を混ぜると、数値が増えたり減ったりするおかしな数列が現れる（**左コラム**）。このとき数列が〝発散〟しない、つまり最終的に無限大にならないものを選ぶと、マンデルブロ集合となる。

この数列の特徴は、大きさは変わるが全体の形はつねに保たれ、ある限界値までくり返し再現されるというものだ。これをコンピューターで実行すると見事なフラクタル図形が現れる（**図3**）。これは、マンデルブロ集合がフラクタルの特性を数学的に説明していることを示している。

とはいえ、自然界のフラクタルは、植物の茎や葉の形にせよ上空から見下ろしたリアス式海岸（図2）にせよ、自らマンデルブロ集合を実践してそうなったわけではない。だが、植物の成長や波による海岸線の浸食作用などのような〝一定の方向性をもつ力〟が作用し続ける場面では、たしかにフラクタルが生み出されやすいようだ。

他方のマンデルブロ集合は、数学者が苦心惨憺（さんたん）し、正方形でも3角形でも円でもない〝反（または半）幾何学的〟なフラクタルを再現した。自然界と数学が一見して相似をなすところが、数学者ではない人々の興味をも誘うのであろう。●

ソフト作成／SADA（vector.co.jp） 作成／矢沢サイエンスオフィス

column マンデルブロ集合

結晶が枝を着実に伸ばしていく——そんな姿にも見える「マンデルブロ集合」（図3）は、数学の奇妙な産物のひとつである。

それは右の式のようにごく単純なルールからなる数列がもとになる。たとえばある項を2乗して定数Cを足すと次の項になるようなものだ。これを自然数で行えばすぐに発散する。ところが、定数を複素数（虚数＋実数）にすると座標上をいったりきたりする数列が生まれることがある。この発散しない数列の定数Cがマンデルブロ集合の一員となる。

人間の発明かに見えるこの集合についてイギリスの数学者ロジャー・ペンローズは、これは発見であり、「エベレストのようにマンデルブロ集合はただ存在しているのだ」と述べている。

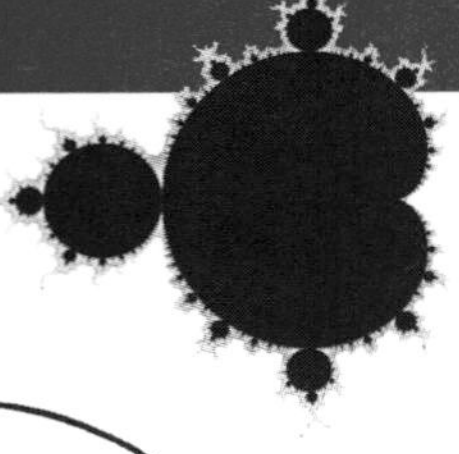

図3 ⬆➡マンデルブロ集合の例。右CG／Wolfgang Beyer/Ultra Fractal 3

$$Z_{n+1} = Z_n^2 + C$$

図4 ⬆式の定数Cを複素数にしたとき、数列は①発散する、②特定の値に収束する、③特定の区域内を動き回るという3種類の挙動を示す。②と③になるCがマンデルブロ集合。式の絶対値が2を超えると必ず発散する。

「遺伝子」が用いる数学

遺伝暗号は「4進法」で

DNAは暗号の記録装置

人間のような生物体にもさまざまな数学的要素が組み込まれている。人体をくわしく見たとき、数学的な性質がもっとも際立っているのはおそらく「遺伝子」であろう。

遺伝子の実体はひも状の長い分子「DNA」（**図1**）である。仮に人間のDNAをほどいて引き延ばしたとすると、その全長は2mにも達する。人体の設計図であるこの高分子はごく小さく折りたたまれ、人体をつくっているひとつひとつの細胞に収まっている。

地球上のすべての生物（ウイルスを除く）に共通する遺伝子であるDNAは、2本のひもが絡み合ってねじれたはしごのような形をしており、その横棒の部分は4種類の〝ブロック〟がつながった形をしている。個々のブロックは「塩基」と呼ばれ、その生物の外形や性質はこれらの塩基（A＝アデニン、G＝グアニン、C＝シトシン、T＝チミン）の並び方によって決まる。つまりDNAは生体分子でありながら〝暗号媒体〟の役割をもっている。

あらゆる暗号を解読するには数学が不可欠である。というのも、あるグループの暗号がそなえる法則性を数学によって見いだせば、そこから暗号解読が可能になるからだ。これを逆用して、数学的手法で通信内容を暗号化することもできる。

このように見たとき、DNAにはどれほどの暗号情報が含まれているのか？ DNAの塩基の数が多ければ多いほど情報も多いはずである。人間ではDNAの塩基の数は30億個にも達する。そこでまず塩基の並び方が何とおりあり得るかが問題になる。

これを解くには塩基の「組み合わせ」を計算する。4種類の塩基が2個連なるなら、その並び方は1つ目が4種類、2つ目も4種類。それらのうちどれを選んでもよいので、組み合わせは4×4で16とおりとなる。すると30億個の塩基なら並び方は4を30億回かけた数（4の30億乗＝$4^{3000000000}$）となる。いいかえると10の約18億乗とおり。人間の感覚では無数といってよく、その情報量もとてつもない。

とはいえ、これだけではDNAがいかにして遺伝情報を保持するかはわからない。DNAはたんぱく質の情報をもつとされているものの、人体をつくっているたんぱく質は数万種類もあると見られている。DNAを構成するたった4種類の塩基の組み合わせで、数万種におよぶたんぱく質のひとつひとつをどのように表現すればよいのか？

解読の鍵は4進法？

この問に答えたのは生物学者ではなく、ソ連（現ロシア）出身の理論物理学者ジョージ・ガ

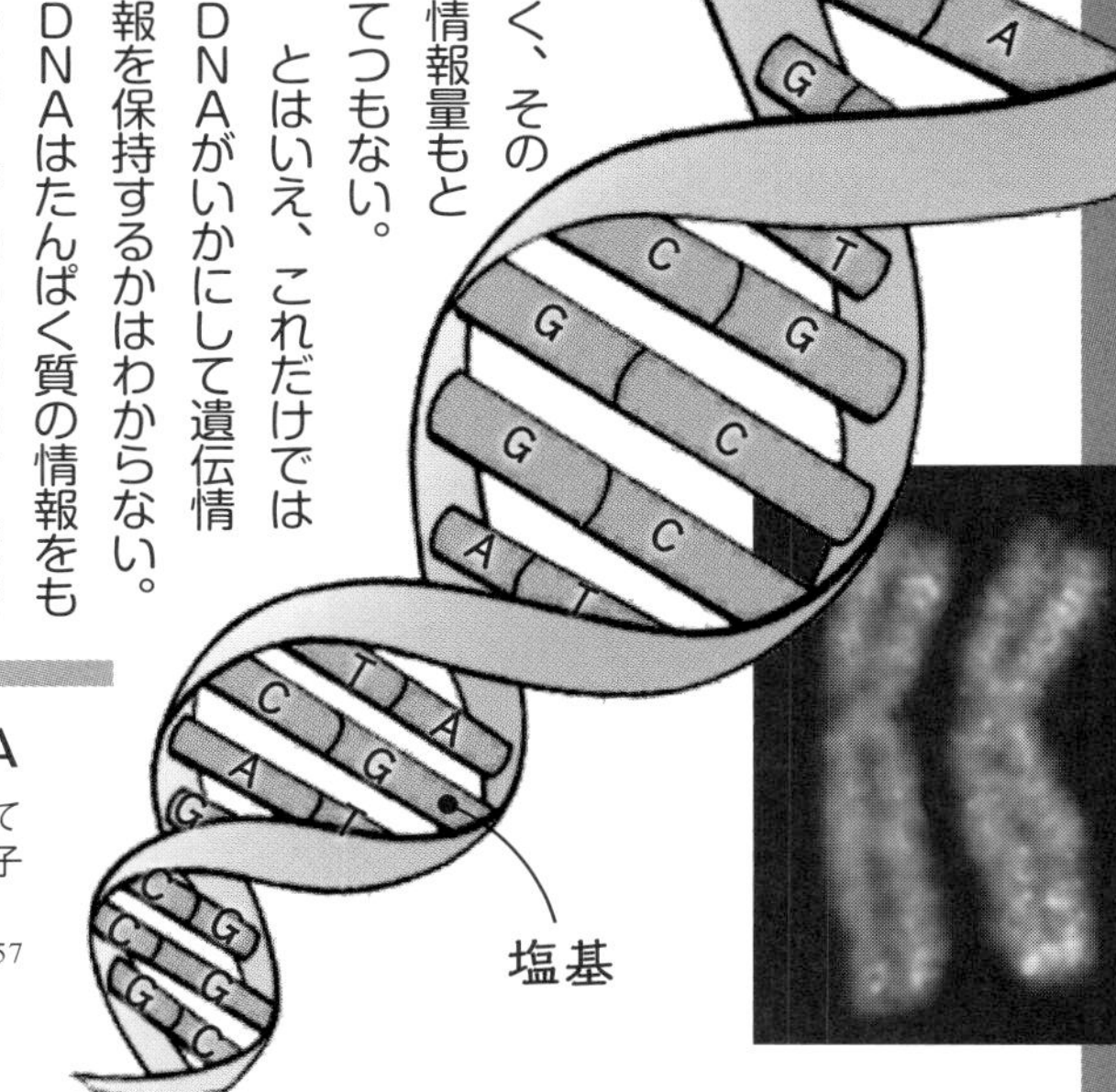

図1 遺伝子とDNA

➡人間のあらゆる細胞（赤血球を除く）は遺伝子をもっている。上はその本体である長細い分子DNA、右はこの分子が細かく折りたたまれてできている染色体。

写真（右）／A. Bolzer et al., Plos. Biol., vol.3 (2005) e157

モフ（**図4右**）であった。1953年、彼はDNAの二重らせん構造を発見したジョン・ワトソンとフランシス・クリック（図4左）の論文を読み、DNAの情報システムに強い関心を抱いた。彼は理論物理学者らしく、DNAの〝文字〟が4種類しかないなら、この分子を〝4進法の数字〟とみなせばよいのではないか――こう考えた。

われわれはふだん10進法を使っているが、これだけで1億や1兆どころか無限に大きな数字をつくることができる。コンピューターで利用される2進法でも、0と1という2つの数字で10進法と同じ数字を扱える（**コラム3**）。

さらにガモフは、たんぱく質もアミノ酸という〝文字〟を使っている、つまり多数のアミノ酸からできていることに注目した。アミノ酸にもさまざまな種類があるが、人間のたんぱく質に限ればその材料はたった20種

DNAの暗号とコドン

DNAの遺伝暗号は4種類の塩基からなる。本文で見たように、この暗号を数学的に4進法とすると、暗号1単位は3桁とみなせる。この1単位は「コドン」と呼ばれる。

コドンは3桁なので、4×4×4で64種類存在する。たんぱく質の合成開始を示す「開始コドン」1種類と「終始コドン」3種類を除いても残りは60種類ある。

人間をつくるアミノ酸は20種類なので、コドンの種類が余るようにも思える。だが実際には、複数のコドンが重複して同じアミノ酸を指定している。そのため、仮に塩基1個が変異しても、影響が少なくなる。逆にいえばちょっとした変異では個体が死にいたらないため、“遺伝子の多様性”が保たれるともみられている。遺伝子のはたらきはきわめて巧妙なのである。

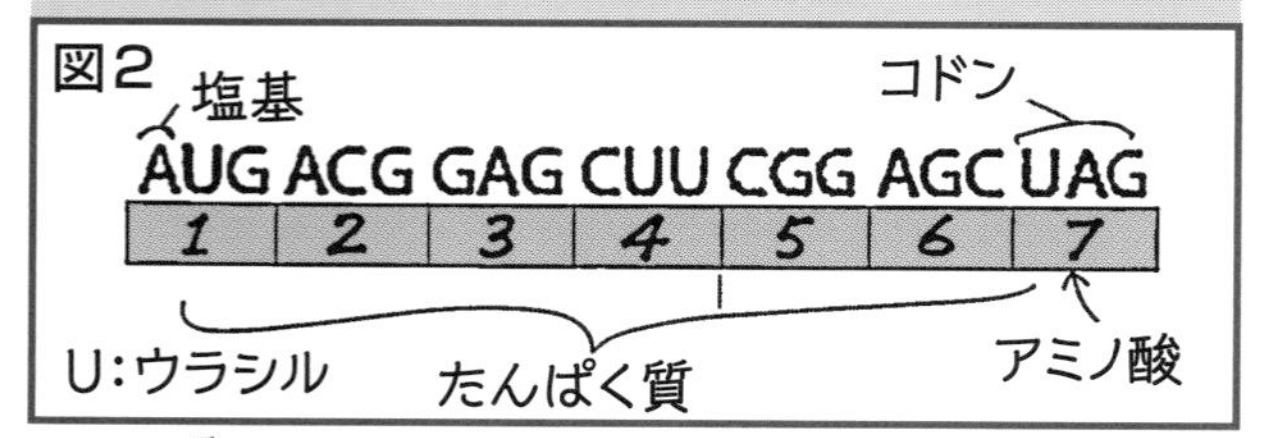

column 2 遺伝情報とたんぱく合成

遺伝子DNAの情報からたんぱく質をつくる仕組みはきわめて機械的だ。まずDNAの一部がほどけ、1本鎖RNA（mRNA）として複製される。ついでmRNAがアミノ酸連結装置「リボソーム」に挟み込まれる。すると小型RNA（tRNA）が現れ、mRNA上の遺伝暗号コドンを“見分けて”結合する。各tRNAはコドンに対応するアミノ酸を引き連れている。そこでリボソームがアミノ酸を順次結合する。こうして新たなたんぱく質が誕生する。

図3

DNA　塩基対　RNA（mRNA）　RNA（tRNA）　結合　アミノ酸　リボソーム　たんぱく質　mRNA

注／RNAはチミン（T）の代わりにウラシル（U）を利用。

作図／矢沢サイエンスオフィス

注1 ▶ コンピューターの記録装置は「0」と「1」の2進法で情報を保存する。ここで「0」か「1」を記録する媒体の最小の単位を「ビット」と呼ぶ。8ビットが「1バイト」、1ギガバイトはその10億（ギガ）倍。

図4 ➡右はユーモアあふれる一般向け科学書でも知られる物理学者ジョージ・ガモフ。左はジョン・ワトソンとともにDNAの二重らせん構造を見いだしたフランシス・クリック。

写真／左・矢沢サイエンスオフィス　右・AIP

類しかない。そこで彼は、DNAはたんぱく質そのものではなく、アミノ酸を指定し、その並び方からたんぱく質が組み立てられると推測した。

だが4つの文字でどのようにして20種類のアミノ酸を指定するか？　ガモフの解決法はこうだ。4進法でたとえば2桁なら4×4とおりとなり、16個の文字や記号を表すことができる。3桁なら64、4桁なら256個の記号を表せる。とすれば4進法で3桁分、64個の記号があれば、DNAの文字が4種類でも、たんぱく質の文字となるアミノ酸を十分に指示できる。

こうしてガモフは、数学的に見ればDNAは塩基3個1セットでひとつの情報を担うシステムだとする推論を導き出した。この3個1組のセットはいまでは「コドン」と呼ばれている。コドンは、遺伝暗号の暗号(code)と単位を示す名詞の接尾語(-on)を組み合わせた合成語。各コドンはアミノ酸1個を指定し、さらにその並び方によってたんぱく質の種類を指示する(**コラム1**)。

図5 ガモフによるDNAの遺伝暗号のしくみ

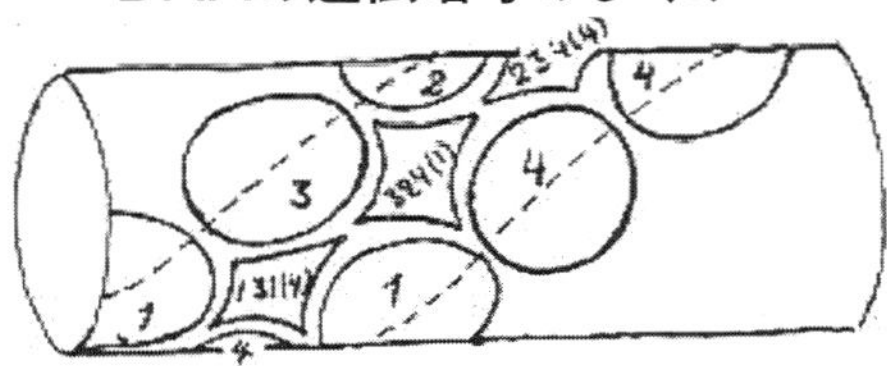

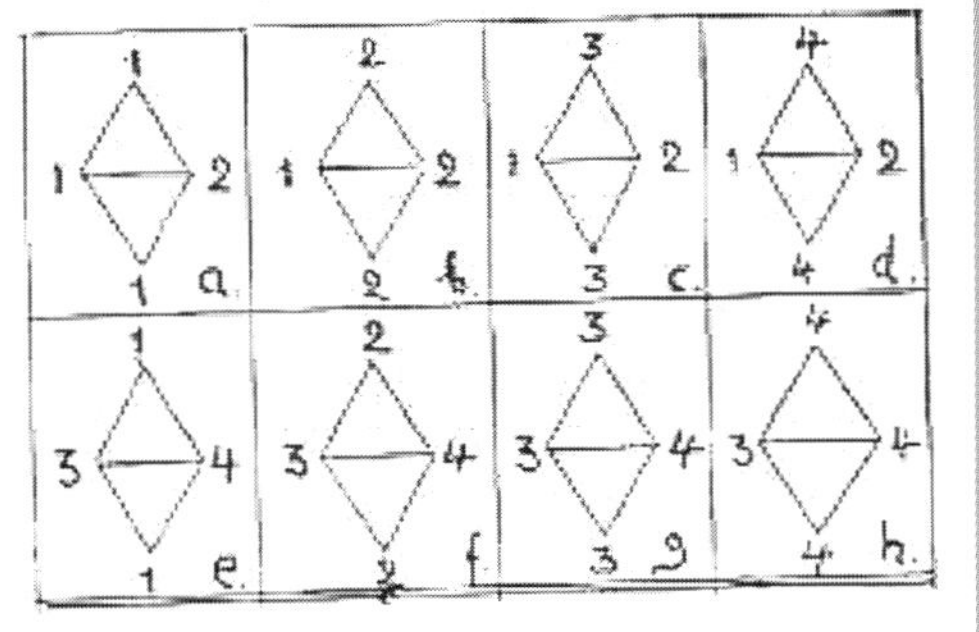

⬆ガモフは、DNAの二重らせんが小さな空間をつくり、このひし形の空間にアミノ酸が直接入るとみていた。空間のまわりの塩基３個の配置が、入り込むアミノ酸の種類を指定するという。ガモフはこのしくみを「ダイアモンド・コード」と呼んだ。これは間違っていたものの、分子の物理的、化学的な性質にもとづいてアミノ酸の並び方が決まるとするガモフの見方は画期的だった。資料／G. Gamow, Nature, vol.173 (1954) 318

コンピューターか情報バンクか

たんぱく質の合成システムはコンピューターによく似ている。DNAの必要な部分をコピーし、その情報を読み取り、指定されたアミノ酸を順次つないでたんぱく質をつくっていく(**コラム2**)。そこでいま、DNAに情報を取り込んで計算させる〝DNAコンピューター〟なるものが研究されている。

しかしより応用が期待されているのは、DNAをデータ記録媒体として利用する手法だ。アメリカのある研究者によればDNAは1グラムあたり最大6億8000万ギガバイト(**注1**)の情報を記録できるといい、これは現在のハードディスクの約100万倍の記録密度に相当するという。今後、DNAの凍結保存により大量の情報が蓄積されるときがくるかもしれない。●

column 3 10進法と60進法

われわれはいま何の疑問もなく10進法を使っている。0から9まで固有の名称があり、そこで1つ桁が増える（位がくりあがる）方法だ。しかし古代から見渡すと、10進法は必ずしも世界共通の数え方ではなかった。

たとえば中東の古代都市シュメール。紀元前3000年頃にすでに文字を発明していたシュメール人は、60進法を用いていた。60までの各数字に固有の名称があるわけではなく、実際には10進法との併用だが。

現代でも１時間が60分、全周の角度が60の６倍の360度といった事例にシュメール人の60進法の名残がみられる。60という数字は「約数」、すなわち割り切れる数が12個と多い。それは分割が容易かつ計算しやすいことを意味する。

図6 ➡２進法は情報を機械的に処理しやすい。スイッチの「on」「off」や回路の切り替え、色の白黒、磁気のＳ極とＮ極などで数字を表現できるためだ。

10進法	２進法
1	1
2	10
3	11
4	100
5	101
6	110
7	111
8	1000
9	1001
10	1010

図7 ⬇シュメール人が利用したくさび形文字（1～60まで）。小数点以下の数字も使っていた。

図／Josell7

「経済学」が用いる数学

数学で経済思想を「定量化」できるか？

始まりは「あるがままに任せよ」

経済学に数学を用いるのは当然のように思える。経済と言えばその出発点は〝金勘定〟の世界であり、儲かったか損をしたか、あるいは貯蓄がどれだけあるかなどといった現実的な話が頭に浮かぶ。これらはほとんど加減乗除、つまり足し算と引き算、それに掛け算と割り算で用の足りる身近な個人中心の経済活動のことで、「私経済(しけいざい)」と呼ぶ。

しかしここでいう経済は「公経済(こうけいざい)」であり、またそれを研究する経済学のほうだ。つまり社会経済、国家経済の研究であり、そこでは経済学者がかなりめんどうな数学を用いている。

経済学は、その誕生時から数学を用いていたのではない。近代経済学のパイオニアは18世紀スコットランドのアダム・スミス（図1）とされている。スミスはその著書『国富論』で経済の本質を考察したが、それはおもに国家経済のあり方についてであった。そして彼の結論は「（経済活動は）あるがままに任せよ」というものだった。放っておけば〝見えざる手〟によって経済は収まるべきところに収まるのであり、国家が介入すべきではないというのだ。

彼の時代から現在までに3世紀が経過したが、その歴史の中で経済学にはじめて数学が持ち込まれたのは19世紀になってからだ。さらに20世紀になると経済学における数学の役割はいっきに広がった。それは、経済学の論文や経済雑誌に数学（代数学や統計学など）を用いた記事が爆発的に増えたことからも明らかだ。

経済学の「不完全情報」

経済学者は自国の、あるいは他国や世界の経済を論じるときに「定量化」を行う。定量化とは、経済活動の大小を客観的に扱うためにその規模を数値化することだ。自分は絶対こうだと信じる、などという主観的な意見を吐いても誰も相手にしない。主観的で観念的な見方なら町内の熊さん八っつぁんでも口にできるが、客観性がともなわなければ説得力がない。経済学で言う客観性の最小公倍数は数字を指している。

現代の経済学者は、定量化した経済データをグラフ化したり相互に比較したりして、その社会や国家の経済状態を把握し分析する。さらに、定量化で得られたデータを用いて将来の経済予測——経済成長モデル——をつくることもできる。

なかにはこの数学的手法に過度に依存する経済学や経済学者たちもいる。つまり数理経済学を専門とする数理経済学者のことだ。数学は厳密さをイメージさせるが、しばしば行き過ぎることもある。数学を使えば経済の先行きを予測できるかのような錯覚——たいていは間違っている——を与えるからだ。どのような手法を用いようと、それを語る経済学者の見方は、それを語る経済学者の主観や偏見から逃れることができない。

注1／古典経済学（古典派経済学）▶アダム・スミスに始まるイギリスの経済学者たちが説いた自由主義経済学で、「レッセ・フェール（あるがままに任せよ）」というメッセージに象徴され、資本主義の永遠性を唱えた。経済学をはじめて体系的学問に押し上げげた。

図1 ➡アダム・スミスは18世紀スコットランドの哲学者・経済学者で“近代経済学の父”とされる。彼の著書『国富論（The Wealth of Nations）』は世界でもっともよく読まれている本の1冊で、現代社会への影響力は非常に大きい。写真／Kim Traynor

ハロッド＝ドーマー理論

ハロッド（左図右）とドーマーによる経済成長モデルは、20世紀前半にそれぞれ独自に提出された。このモデルは、経済成長は貯蓄レベルと資本生産比率によって生じるとする。個人の豊富な貯蓄が企業の投資にまわされると商品やサービスの生産が増え、結果的に経済成長が生じるという。

$$経済成長率 = \frac{平均貯蓄性向}{資本係数}$$

図2

投資の増加
高い経済成長
企業の財の増加
貯蓄の増加

作図／川島ふみ子

経済学が、たとえ数学を用いても将来を予測できない理由は無数にある。それは、経済の状態を客観的に数値化することなど永遠に不可能だからだ。つまり数値化のもとになる情報はつねに「不完全情報」なのだ。

明日の経済は、大地震や火山噴火、大津波などの自然災害、労働者のストライキ、いましも世界で進行中の疫病や戦争などの介在によって予測をまったく許さない。したがって、数学を用いれば経済学が進歩するというのは大きな誤りであり錯覚だと見なくてはならない。

この世界も人間の行動も不合理に満ちており、数学が通用するのはごく限られた個別的な部分においてのみということになる。

「経済成長モデル」という数学的理論

それでもなお、経済学にとって数学は不可欠なツールである。数学がなければ、経済学者は自説に説得力を持たせることができない。そのため経済学者は、

column 2

ソローの経済モデル

図3
写真／MIT／L.B.Hetherington

ロバート・ソローが 1980 年代に提出した経済成長理論（ソローモデル）は、現在の（新古典主義的な）経済成長理論の基礎をなしている。それは資本の蓄積による経済成長を説明しており、資本と労働力によって行われる生産には一定のリターン（投資収益）があるとする前提に立っている。彼はまた技術の進歩が経済成長に与える影響を論じ、第二次世界大戦後の経済学の主流を築いた。1987年にノーベル経済学賞、1999年にアメリカ国家科学賞を受賞した（3人の弟子も後にノーベル賞受賞）。これを執筆している2022年10月時点で98歳で存命。

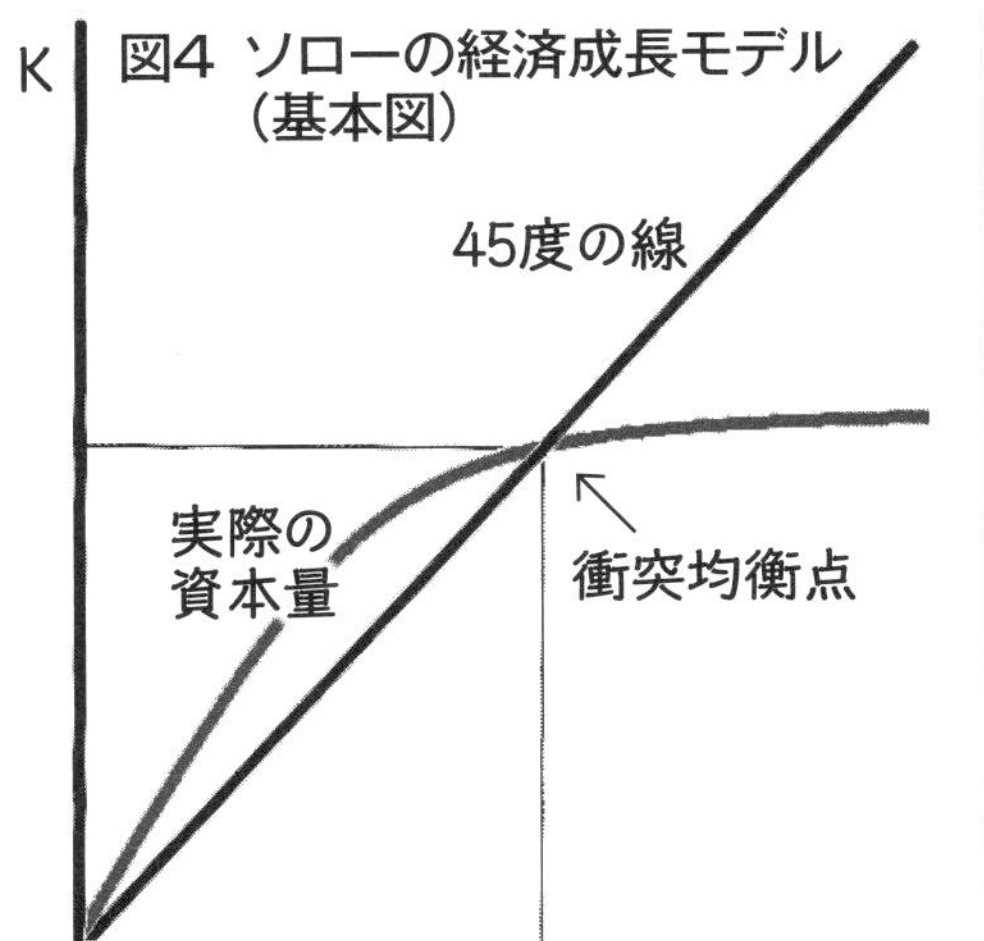

図4 ソローの経済成長モデル（基本図）

生産関数

$$Y=Af(K,L)$$

Y：国民所得、A：生産性、K：資本量、L：労働量

⬆上の式は「生産関数」と呼ばれ、投入した資本や労働と、それによって生み出される有用物（物品、金銭などの財）やサービスなどとの関係を示す。左図のような経済成長モデルに用いられる（左のグラフと記号の意味は異なる）。

⬅グラフの縦軸は生産量（K：国民の所得）、横軸は資本量（L：労働者や生産設備）。資本量が単純に増えても生産量はそれに比例して増えずにカーブを描いて徐々に低下していき、ある点で均衡することを示している。

数学を用いた「経済成長モデル」というものをつくり、そのモデルに立って将来の経済成長を予測する。誰もその予測どおりになるとは言わないものの、こうしたモデルがあると将来を予測する際の目安になるからだ。

20世紀にはさまざまな経済学者が独自の経済成長理論（モデル）を発表したが、とりわけ影響力の大きなものが「ハロッド＝ドーマーモデル」と「ソローモデル」の2つである。1946年にロイ・ハロッドとエヴセイ（エヴィ）・ドーマーが提出したモデルは、需要と供給がもたらす経済効果に重点をおいた理論。これは一言で言えば、社会が「より多く投資」し、かつ「より多く貯蓄」すれば経済は成長するとするもので（前ページ**コラム1**）、「古典経済学」（70ページ**注1**）の見方だ。

他方、ロバート・ソロー（**図3**）が1950年代に提出したモデルはこれとは大きく異なる。ソローは経済成長を決定する要因は「労働と資本および技術進歩の3つである」と主張した。ソローはこのモデルによって、アメリカの経済成長のうち実に80％が技術の進歩によることを示した。また、第二次世界大戦に敗北して廃墟同然となった日本とドイツがなぜ奇跡的な経済成長を遂げて世界の最先進国になったかもみごとに説明した。この成長理論は「新古典派経済成長モデル」と呼ばれる。

こうした理論を言葉で読むと抽象的だが、数学を用いて表現すると、経済成長を動かす要因を具体的に感じることができる（**コラム2**）。

いましがたの2つの経済成長モデルも、発表されてから時間が経ち、さらに修正されて新理論を生み出してもいる。とりわけソローの成長理論が注目した「技術の進歩」は、その後さらに幅広い意味で「科学技術の進歩」という概念に置き換えられてもいる。

アダム・スミスに始まった近代的な経済学は、経済現象の本質は変わらないものの、時代が進むにつれてそれを動かす〝動力〟がより具体的、数学的にとらえられるようになっているということである。●

column 3

経済学を数学に変えた「ゲーム理論」

ゲーム理論はもともと経済学のツールとして開発された。これを生み出したのは“20世紀最大の数学者”とされるジョン・フォン・ノイマンと、経済学者オスカー・モルゲンシュテルン（共著『ゲームの理論と経済行動』1944年）。

ゲーム理論は、人間社会や自然界で複数の人間や動物、集団などが関わる意思決定や行動決定の問題（戦略的状況と呼ぶ）を、数学的モデルを用いて研究するために考えられた。そこでは自分の利得（損得）が、自分自身や他人の行動に依存している。経済学で扱われるほとんどの問題もこれに該当するので、ゲーム理論によって経済予測を行うことができるというものだ。つまり「意思決定の過程を数学的に分析する手段」がこの理論の本質である。

20世紀には多くの研究者がゲーム理論に対していくらか躊躇もしたが、21世紀のいまではこの理論は経営学、工学、コンピューター科学、心理学、生物学、気象学などあらゆる分野で広く用いられるようになっている（**下図**はもっとも単純な事例）。

ちなみに読者が日々使用しているであろうコンピューター（スマホも）の情報処理は「プログラム方式」で、これもフォン・ノイマンの発明。そのため世界中のコンピューターのほぼすべては「ノイマン型コンピューター」と呼ばれる。量子力学に数学的基礎を与え、第二次世界大戦中のアメリカの原爆開発で重要な数学的貢献をするなど、ノイマンの科学と現実社会への影響力は枚挙にいとまがない。

図5

囚人B ＼ 囚人A	裏切る	黙秘する
裏切る	A、Bともに2年の求刑	Aは釈放、Bは3年の求刑
黙秘する	Aは3年の求刑、Bは釈放	A、Bともに1年の求刑

⬆よく知られたゲーム理論の一例で「囚人のジレンマ」と呼ばれる。強盗容疑で逮捕された2人組（囚人Aと囚人B）が自供を迫られたとき、つねに自分にとって利得の大きい選択を行うと、互いに協力するよりも悪い結果を招くことを示している。

「核兵器のエネルギー」の数学

アインシュタインの"$E=mc^2$"はどこに行くか?

史上2度目の核戦争危機

　これを書いている2022年10月末、世界は第二次世界大戦後2度目の核戦争危機の中にある。ウクライナに軍事侵攻したロシア軍がウクライナ側の強力な反撃に遭い、ウクライナの東部と南部の一部からさらに進むことができないでいる。これはもはや単なる軍事侵攻ではなく両国の戦争へと発展している。

　北京冬季オリンピックの開会式当日の2月2日、ロシアのプーチン大統領と中国の習近平主席は開会式会場で小声で立ち話をし、近くにいた側近、共産党幹部ないしそれ以外の誰かがそれを耳にはさんで情報を流した。内容は——プーチン「ロシアはウクライナを占領する。2日もあれば全土を掌握できる」、習近平「1日でやれるんじゃないか」——おおむねそのようなやりとりであったらしい。習近平はこのとき、それをやるのはオリンピックが終わってからにしてほしいと注文をつけた。互いにロシアと中国は血の兄弟だとか何とか言いながら。

　そしてオリンピック閉幕からわずか4日後の2月24日、ロシア軍は実際に大部隊を動員して、ウクライナにほぼ10方向からいっきに侵攻した。それ以降何が起こってきたかは世界の知るところだ。"2日"か"1日"で全土占領はどこへやら、8カ月以上過ぎた10月末になっても、ウクライナ全土とは似ても似つかぬ東部と南部の一部から一向に前進できず、ウクライナ側の反撃によってむしろ押し戻され、当初のプーチンの言葉や見通しとはかけ離れた状況になっている。

　予想だにしなかったであろうこの苦境の中でプーチンと政権や軍の幹部が口にするようになったのが"核兵器の使用"だ。プーチンは「これは脅しではない」と何度も言い、老練なラブロフ外相まで「国家が危機に立ち至れば迷うことなく強力な反撃を行う」、つまり核兵器を使う、と外国人記者団との会見の場で口にした。核戦争の危機は、まさかそこまではやらないだろうという世界の予想を裏切ってわれわれの眼前に姿を表した。

　1度目の核戦争危機は1962年の「キューバ危機」である。ニキタ・フルシチョフ(次ページ図2)の率いるソ連(現ロシア)が、フロリダ半島の目の前のキューバ(フィデル・カストロが革命を成功させていた)に核ミサイルを大量に運び込んだのだ。10分でアメリカの首都ワシントンやニューヨークに核爆弾を落とせる態勢をとったのである。世界中がもはやこの世の終わりかと思わずにいられなかった。

　このとき、追いつめられたケネディ大統領が歴史的決断を下した。海軍と空軍を動員してキューバを海上封鎖すると宣言し、ただちに実行した。そしてフルシチョフに対し「本当に核戦争をやるのか?」と問いつめた。一触即発である。ケネディの断固たる決断の前にフルシチョフはしぶしぶ核ミサイルを撤去し

$$E=mc^2$$

図1 ➡右は特殊相対性理論の方程式。この理論が"特殊"なのは、外力が作用せずに運動している座標系(慣性系)にのみ適用されるため。後に発表された加速運動する慣性系にも適応される拡張理論は、特殊に対して"一般"相対性理論と呼ばれる。

た。全世界とともに息を殺して見守っていた若き日の筆者は、暗い空からふたたび陽光が射し込んだかのように感じたことを生々しく覚えている。人類はあのとき崖っぷちに追いやられたのだ。

　ある国が核兵器を使用すれば、反射的に相手側やその同盟国が核兵器で反撃する――たちまち双方あるいはもっと多くの核保有国が自衛のために核攻撃を行い、文字通りの第三次世界大戦〝アルマゲドン〟が現実となる。その戦争はかつての世界戦争のように何年もかからない。おそらく数日かせいぜい1、2週間で終わってしまうだろう。どんな外交手段も吹き飛んでしまう。核兵器は、いったいどれほどのエネルギーと破壊力によって、人類文明にとってこれほど特異な存在になったのか？

「戦術核」と「戦略核」は何が違うか？

　いま、核兵器を保有している国は世界に9カ国（**注1**）。イスラエルは公表しないがきわめて新しいタイプの核兵器を保有していることは疑いない。イランは開発をやめようとせず、遠からず核保有国となるので、それが現実化する前にイスラエル（とアメリカ）が同国を攻撃する可能性が高い。すでに核保有国である北朝鮮の最大の目標は弾道ミサイルに搭載できるよう核爆弾を小型化することであろう。

　いくつかの国際機関の推定によれば、世界にはいま核爆弾が2万発近く存在する（数十年前はもっと多かった。また収量つまり爆発エネルギーが数メガトンと途方もなく巨大なものがあったが、実際の戦争では効果的でないとされて廃棄された）。アメリカとロシアがそれぞれ7500～8000発、それ以外の国々は10～300発（中国）ほどと見られている。中国は全力で数を増やしていると各国は確信している。

　しかしここで注目するのは、核爆弾のもつとほうもないエネルギーがどこから生じるのかである。

　核爆弾の原点はアインシュタインが1905年に発表した特殊相対性理論にある。この理論は世界一有名な物理学の方程式〝$E=mc^2$〟によって、この宇宙のあらゆる物質はすなわちエネルギーの別名ないし別の姿であることを明らかにした。方程式の意味は、物質の質量×光速の2乗がすなわちエネルギーの大きさというものだ。これは質量とエネルギーは同じ（等価）という予言である（前ページ**図1**）。

　アインシュタインをその理論や風貌によって天才的物理学者で平和主義者とむじゃきに信じている人が多い。だが彼は文字通り〝原爆の父〟でもあり、第二次世界大戦中、アメリカ大統領に原爆開発を進言し、それを受けた政府がマンハッタン計画を開始したという事実も知らねばならない。

　エネルギーと聞くと石油や石炭、天然ガス、水力などを思い浮かべていた人間にとって、物質とはすなわちエネルギーの別名だというような話は理解しがたい。だが事実である。それは宇宙誕生以来、100億年以上にわたって無数の星々が実証して見せてきた。われわれの頭上の太陽もこれまで50億年もの間、特殊相対性理論の方程式を実行し続けている。

　太陽などの星々が無限とも見えるエネルギーを生み出しているのは「核融合反応」のなせる業である。つまり水素のようなもっとも軽い元素の原子核どうしが結合（融合）して少し重い原子核に変わり、その際に〝余分の質量〟を非常に大きなエネルギーとして放出する。

　なぜ水素の原子核どうしは融合しやすいか――それは、水素の原子核がもつ正電荷（プラスの電気的性質）が弱く、外からの圧縮力に対する抵抗力がもっとも小さいためだ。

　では、核融合反応の際の〝余分の質量〟はどのくらいの大きさか？　前記のアインシュタイ

注1▶現在の核兵器保有国はアメリカ、ロシア、中国、フランス、イギリス、インド、パキスタン、イスラエル、それに北朝鮮の9カ国。かつて保有状態となったが途中で放棄したのが南アフリカ。ソ連に属していた時代に保有したがその後処分したのがベラルーシ、カザフスタンおよびウクライナ。ウクライナは核兵器製造のノウハウをいまも維持すると見られる。

図2➡キューバ危機を引き起こしたソ連（現ロシア）の最高権力者ニキタ・フルシチョフ。このとき米ソの緊張状態は35日間続き全面核戦争にもっとも近づいた。フルシチョフは民族的にはウクライナ人で、父は炭鉱夫、母方の祖父は農奴だった。　写真／German Federal Archive

ンの方程式での計算では、たとえば2個の水素の原子核どうしが融合した場合、それらの合計質量の約0・63%が純粋にエネルギーに変わることになる。そんな目に見えないかすかな質量がエネルギーに変わってもさしたることはなさそうに思える。だが水爆1発の燃料の重さ（質量）をもとに計算すれば驚くべき巨大エネルギーとなる。

核爆弾は2つに大別される。「戦術核」と「戦略核」。戦術核とは（現在のウクライナのような）戦場で大規模な破壊を起こすためのもので、戦闘機や軍艦からあまり大きくないミサイルなどに搭載して使用する。通常爆弾の破壊力を極度に巨大化したようなものだ。

他方の戦略核（**図3**）は、使用されれば1発で大都市を壊滅させるほどの威力をもっている。戦略核は数千㎞も離れたところから大陸間弾道ミサイル（ＩＣＢＭ）や潜水艦発射型ミサイル（ＩＲＢＭ）、あるいは爆撃機に搭載して、敵側の心臓部に送り込まれる。これを使用したなら、それはもはや従来の戦争の概念を超えてしまう。

そもそも相手側を完全に壊滅させたのでは戦後の外交交渉を行うこともできない。かつてカール・フォン・クラウゼヴィッツが有名な著書『戦争論』で

図3 ⬆アメリカの大陸間弾道ミサイルの先端部（再突入体）に収められている6発の核弾頭。それぞれが都市を完全に破壊できるほどの爆発力をそなえている。写真／US. Gov.

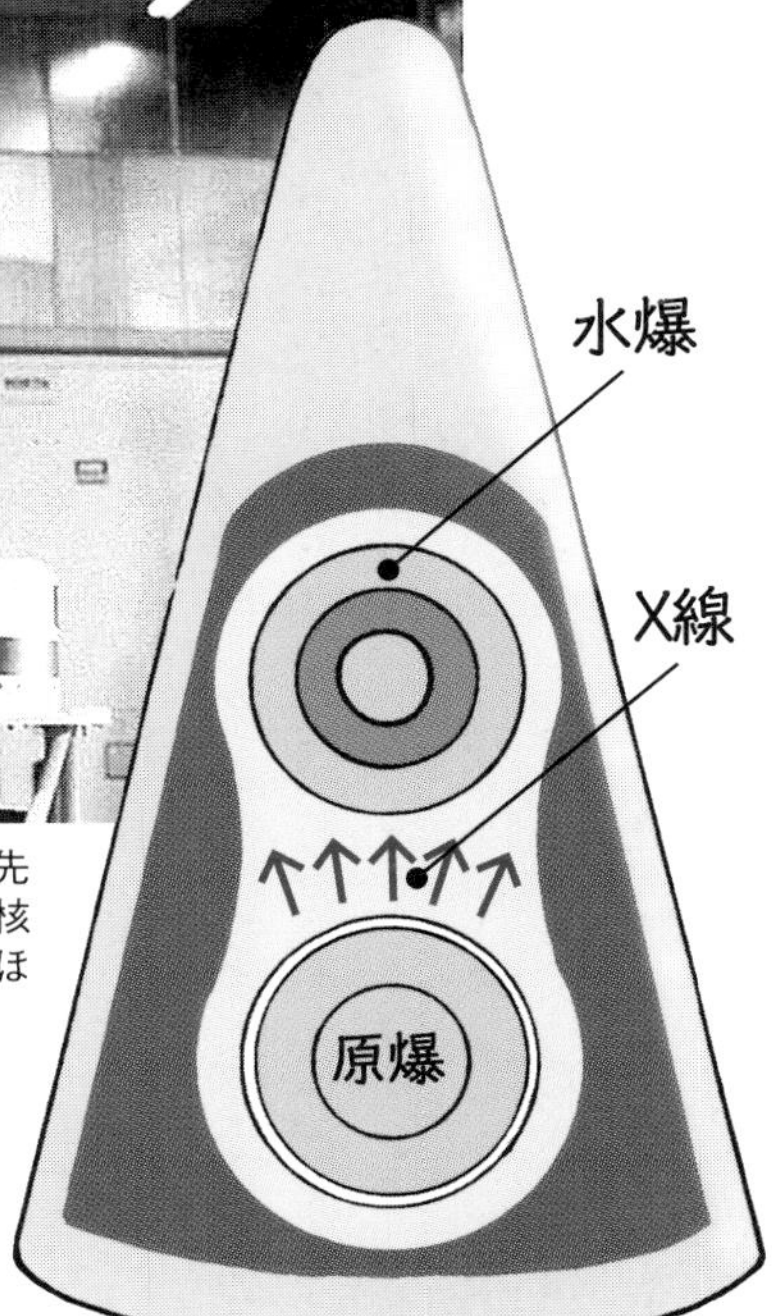

図4 ➡水爆（核弾頭）の内部構造（略図）。原爆と水爆がペアで配置され、はじめに原爆が炸裂するとその超高圧と超高熱、およびX線によって水爆が起爆される。
作図／矢沢サイエンスオフィス

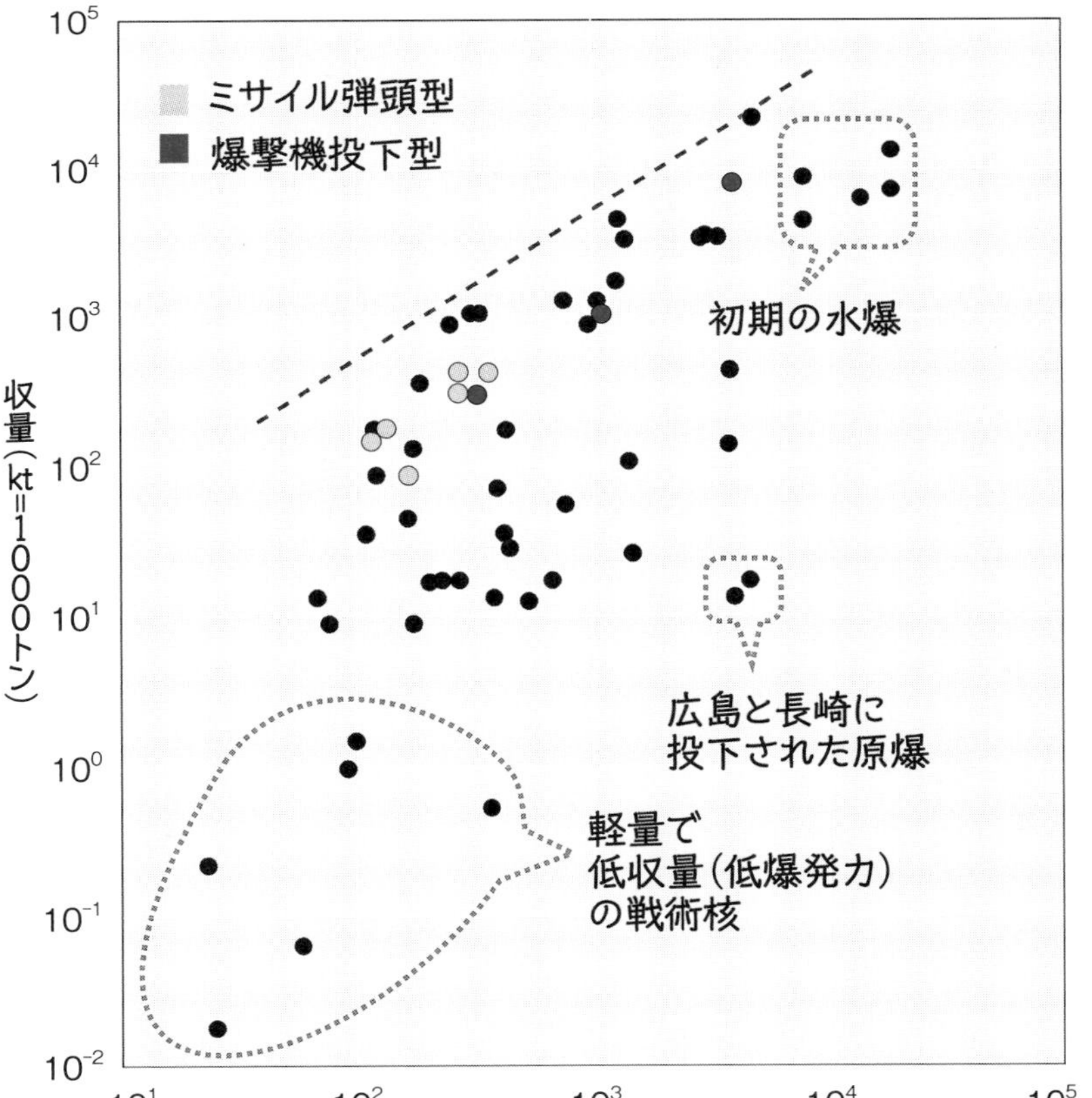

図5 ⬆このグラフはアメリカが開発・製造した原爆と水爆の収量（爆発力）と重量の関係を示している。縦軸が収量、横軸が質量（重量）。斜めの点線は収量／重量比から生まれる核爆弾製造上の上限（6kt/kg）で“テイラー限界”と呼ばれる。これを上回る核爆弾は非現実的とされる。
資料／Wikimedia Commons

述べたように「戦争は政治の一形態」であるなら、戦争は勝敗が決し、その後に両者が交渉できなくてはならない。ひとたび戦略核兵器を使用したなら戦後の交渉など存在せず、ただ一方ないし互いを滅亡させる以外に何も残されないということになる。

核爆薬の小さな重量

しかし現在の核兵器、つまり水爆とか熱核融合爆弾などと呼ぶものは、宇宙ではありふれたこの現象を地球上で人為的に起こす装置の別名でもある。

この水爆に先駆けて第二次世界大戦中にアメリカで生み出されたのは前記した原爆（原子爆弾）である。それを開発するためのマンハッタン計画には、アメリカの複数の巨大軍事研究所と数千人の科学者が、（敵国であるドイツと日本を標的とするために）日夜を問わず開発に没頭した（**注2**）。そうして生み出された原爆が広島・長崎に投下された。 広島に落とされた原爆（リトルボーイ）は重量が5トンもあったが、実際に爆発したのはウラン235燃料（約63kg）のうちのわずか1・38%とされている。870グラムほどだ。爆発時に放出されたエネルギー（核出力）は通常の高性能爆薬（TNT火薬）に換算して16キロトン前後と見られている。この核出力と広島市の被害から、核爆弾の出力と被害の関係をある程度推定することができる。

1980年代末、筆者は核技術の研究開発を主任務とするアメリカの3つの国立研究所を訪れた。ローレンス・リバモア、ロスアラモス、それにサンディア――どこもひとつの都市のように大規模である。その後アメリカはこれらの施設への取材や訪問を厳しく制限するようになった。国際的にスパイ活動がはびこってきたためだ。

原爆は水爆と比べて核爆弾としては原初的である。それは軽い原子核どうしの核融合とは対照的に、ウランやプルトニウムのような重い原子核どうしの衝突によって核分裂を起こし、巨大な余剰エネルギーを放出する。

ところで現在の核兵器の大半を占める水爆は、実際にはいま見た原爆との2重構造になっており（前ページ**図4**）、水爆の燃料と原爆の燃料が隣り合わせになっている。最初に原爆が爆発すると、それによって生じる数百万度の超高温と超高圧によって水爆燃料が圧縮（爆縮。**下コラム**）され、水爆が炸裂するというものだ。現在の核保有国はみなこの高度な構造を実現しているのだから、どこもすぐれた核物理学者や工学者、数学者を抱えていることがわかる。

結果的に、水爆が使用されると、原爆と水爆の両方の爆発エネルギーが同時に放出される。1発の水爆で攻撃されることはすなわち、水爆と原爆（全出力の1%程度）の同時攻撃を受けるに等しい。

図5は、これまでにアメリカで製造された核爆弾（原爆および水爆）の重量と爆発力（核出力）の関係を示している。右側中央付近の2つの黒丸は広島と長崎に投下された原爆。近年の戦術核（図の左下）は広島・長崎の原爆よりはるかに軽く、爆発力も小さいことがわかる。

核融合発電と核融合ロケット

$E=mc^2$が人間世界をこのような状況に導くとはアインシュタインは想像もしなかったに違いない。だがこの数式は戦争手段を与えているだけではない。いま核兵器技術の延長上に国際協力による「核融合発電」が視野に入ってきており、また将来の宇宙航行技術として「核融合推進ロケット」も研究されている（日本の大学でも）。人間は戦争をする生物だが、無限の核融合エネルギーを獲得したり他の惑星へ文明を広げたりと、未来への壮大な希望をも同時にもち続けている存在でもある。●

注2 ▶開発責任者のロバート・オッペンハイマーを筆頭に、ジョン・フォン・ノイマン、リチャード・ファインマン、アーサー・コンプトン、ニールス・ボーアなど世界中の有名な物理学者・数学者が多数参加・協力し、核分裂連鎖反応についての複雑な計算、原子炉の設計、核燃料濃縮法の考案、爆弾の構造計算などを行った。

column

爆縮の数学

その文字が示すように爆発で生じる超高圧で中心部が圧縮される現象（＝内爆）。原爆も水爆も燃料部分を他の爆発物――原爆には火薬、水爆は原爆を用いる――の爆発で生じる超高圧や超高温を内側に集中させ、それによって本来の核爆発を起こさせる。このとき点火用爆発のエネルギーを核燃料に集中させるには、衝撃波がどう伝播するかを精密に計算する必要がある。そのための数学モデルを構築したのはジョン・フォン・ノイマン（4ページも参照）。

第3章
天才の数学・狂気の数学

Mathematics Chapter 3

1

ペレルマンの「ポアンカレ予想」の数学

その予想は宇宙は〝丸い〟と結論した?

幾何学にもち込まれた4次元時空

「ポアンカレ予想」？　数学にさして興味のない人でもどこかで耳にしたことがありそうな音の響きである。

ポアンカレ予想とは、1904年にフランスの数学者ポアンカレが提唱したある〝予想〟のことだ。それは幾何学の、とりわけトポロジー（位相幾何学）と呼ばれる分野のトピックであった。

というと、そもそもトポロジーとか位相幾何学とは何かということになる。〝位相〟という日本語は一般人にはわかりにくい。これは英語の〝フェイズ（フェーズ）〟のことだと聞けばずっと身近に感じる。

幾何学でいう位相＝フェイズは、「変形しても同じものになるか否か」が基準である。たとえばボール状のものをつぶしてどんどん引きのばせばついには棒状になるが、それでも位相そのものは変わらない。他方、リング（円環）状のドーナツを棒状にするには変形だけでは無理で、いったんどこかで千切らねばならない。そこでドーナツはボールや棒とは位相が異なるということになる。他方ドーナツは変形すればマグカップになるので（**図1**）、これら2つは位相が同じだとわかる。

こうした位相がもつ幾何学的な特徴や位相どうしの関連を研究するのがトポロジー（位相幾何学）だ。「形の研究」と言い変えることもできる。この研究のパイオニアは18世紀スイスのレオンハルト・オイラーとここで名前の出るポアンカレ（**図2右**）とされている。

そこで問題のポアンカレ予想だが、それは「単連結な3次元閉多様体（左ページ**注1**）は3次元球面と同相と言える」というものだ。これでは何のことかさっぱりわからない。少し平文にすると、「3次元球面上のすべての回路（ループ）は、その球面の面上を離れることなく連続的に一点に縮めることができるであろう」（**図3**）。さらに平

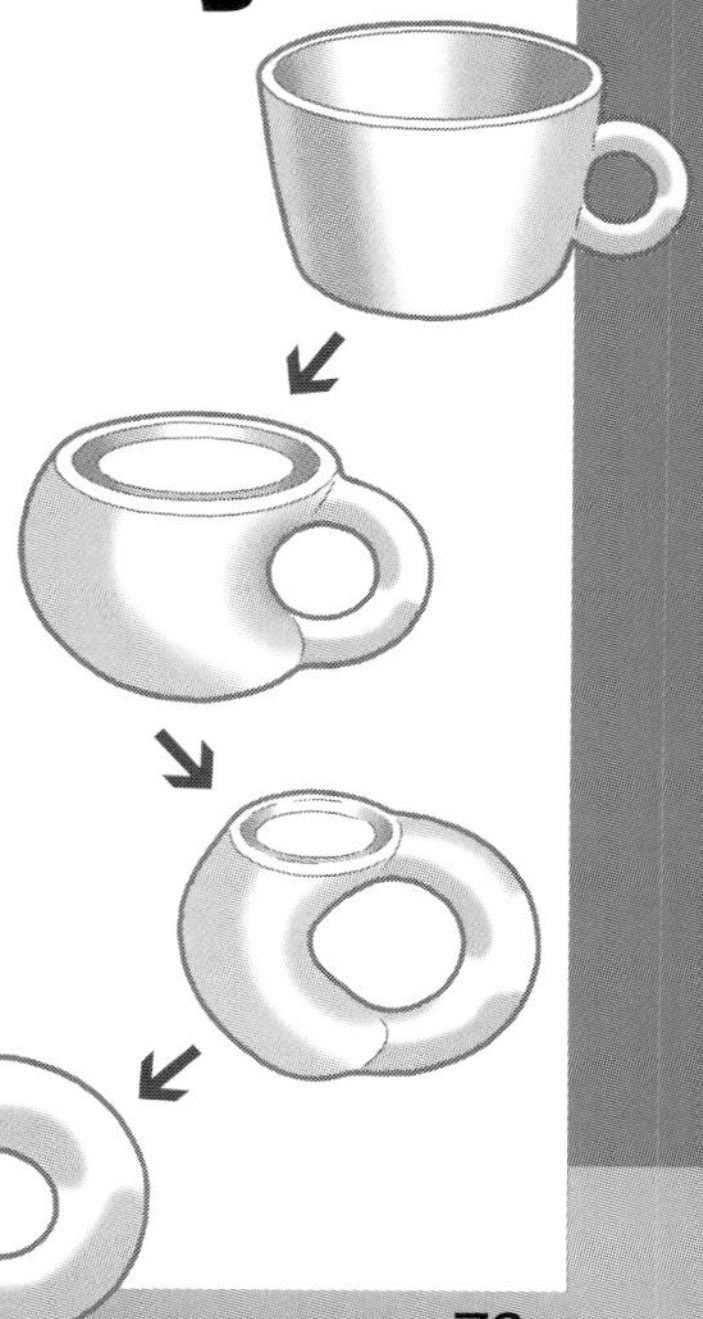

図1 ⬆➡トポロジーでは、この図のマグカップとドーナツのように、変形させると一致するものを「同相」とみなす。このように変形しても保たれる性質を調べるトポロジーは別名“ゴム板幾何学”ともいう。　作図／細江道義

ポアンカレ予想 column

ポアンカレは自身の提出した「3次元多様体の分類法」の誤りを発見し、「すべての単連結の3次元多様体は3次元球面と同相か」と問うた。これが「ポアンカレ予想」。図は2次元多様体（豆知識）の事例（球面とトーラスの表面）。

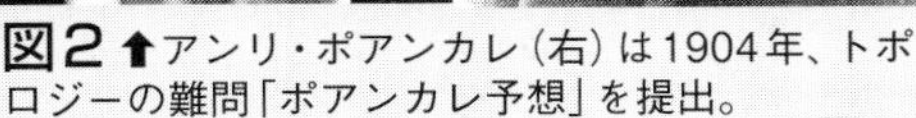

図2 ⬆アンリ・ポアンカレ（右）は1904年、トポロジーの難問「ポアンカレ予想」を提出。1世紀後にこれを解いたのはロシアのペレルマン（左）。
左写真／George M. Bergman

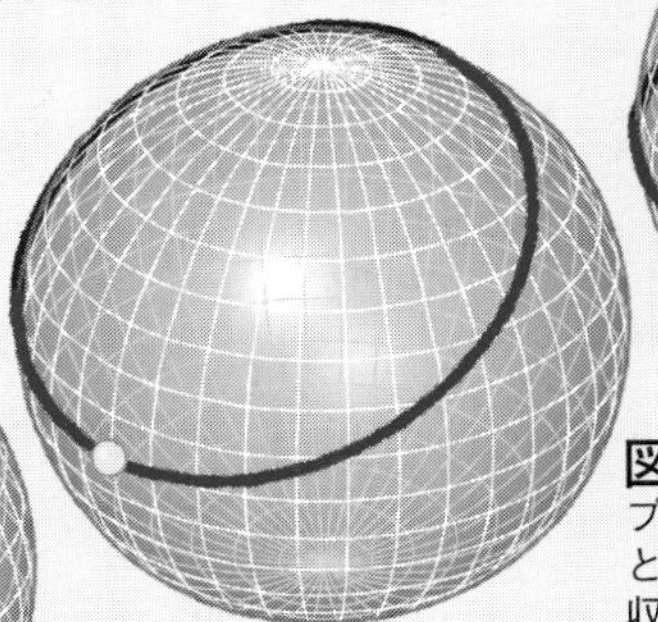

図3 ⬅⬆球面に無数のループを投げてそれらを縮めると、最後はすべてが1点へと収束する。このような多様体は「単連結」と呼ばれる。

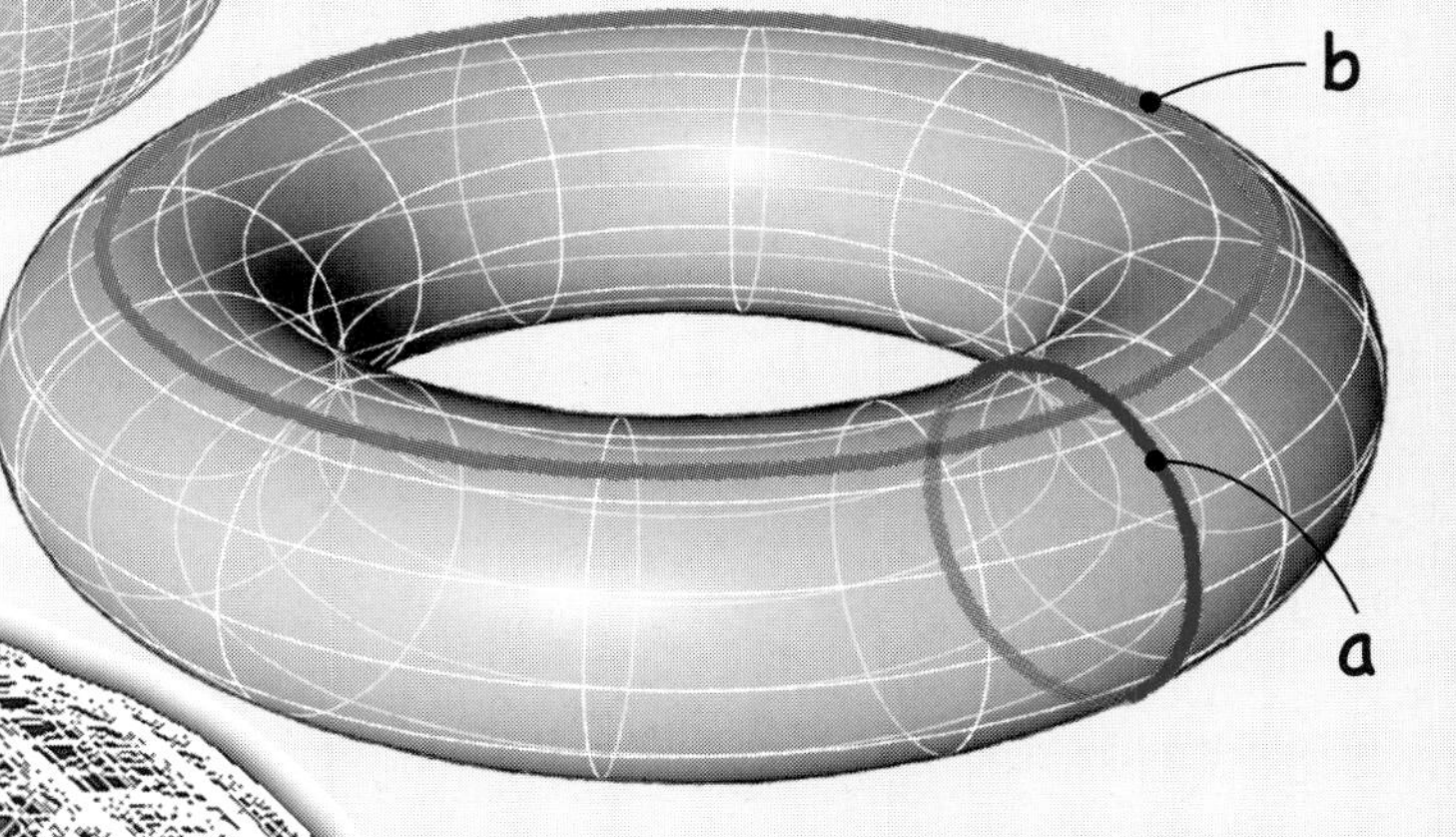

図4 ➡単連結の多様体を変形して2つ接続するとトーラス（ドーナツ型）になる（連結和）。球面とは異なり1点に収縮しないループ（b）が存在する。

作図／細江道義
上参考／Salix alba

注1／閉多様体 ▶ 境界のない有限な多様体のこと。2次元の球面やトーラスは閉多様体。他方、2次元平面は無限なので、閉多様体ではない。

たく言い直すなら、「ある空間に輪を描いたとき、その輪を縮めていって1点に収縮できるなら、その空間はおおむね丸い」

ここで3次元多様体、たとえば3次元球面というのは、物理学的な4次元空間における球面を指している。われわれはこの宇宙を3次元空間としかとらえられず、物理的な4次元空間な

豆知識 **多様体の種類：** ポアンカレなどによれば2次元多様体はたった3種類。正の曲率の球面、曲率0のユークリッド平面、負の曲率の双曲平面である。これに対し、ウィリアム・サーストンは3次元多様体は8種類と推測した。ポアンカレ予想を包含するこの推測を証明したのがペレルマン。

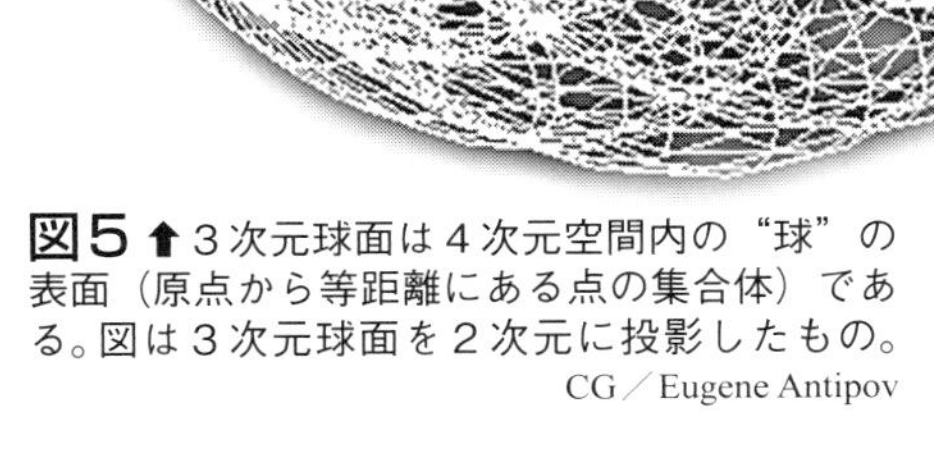

図5 ⬆3次元球面は4次元空間内の“球”の表面（原点から等距離にある点の集合体）である。図は3次元球面を2次元に投影したもの。
CG／Eugene Antipov

ど見たことがないので想像することも容易ではない。そこでこれをまず、わかりやすい2次元で考えてみる。

2次元の球面上にループ（輪）を投げ縄のように投げると、それをどこにどう投げてもそのループを最終的に1点に縮めることができる。ではこれと位相の異なる場合、たとえばドーナツ状の物体の表面に投げたらどうなるか？　ドーナツの輪を断ち切るようにかけたループは1点に縮む（**図4a**）。だがドーナツの外側をぐるりと取り巻くようにループをかけた場合（**図4b**）、それはどうやっても1点に縮むことはない。

では3次元ならどうか？　これは、ふつうの人々はもちろん世界中の数学者（幾何学者）にもわからなかった。そのため、この予想の真偽に20世紀を通して世界の数学者たちが挑戦した。だが誰一人答えることができず、数学の未解決問題としてのみ名声を馳せることになった。

ペレルマンはどこへ行く？

ところが21世紀に入ってまもなくの2003年、これに回答を出した数学者が現れた。ロシアのグレゴリー・ペレルマン（前ページ**図2左**）だ。少年期から数学にただならぬ才能を現していた彼（16歳で国際数学オリンピック金メダル）は、その後ロシアとアメリカのさまざまな研究所に所属したが、2005年、突如としてすべてを退き、行方不明同然となった。彼がポアンカレ予想に答を出したのはその少し前の2003年であった。このときのペレルマンは、微分幾何学やもともと興味をもっていた物理学の手法で、ポアンカレ予想が正しいことを証明していた。

世界中のメディアが彼へのインタビューを望んだが、ほぼすべて無視された。アメリカのABC放送は彼の質素なアパートを訪ねたが顔を拝むこともできず、近所に陣取って彼が現れるのを待ったが虚しく終わった。ロシア国営テレビが彼の誕生日の記念番組をつくってケーキを贈ったがやはり無視されたという。実はそのころ筆者もドイツ人スタッフを送り込んで接触を試みたが成果はゼロであった。

わずかな情報が得られた。ABC放送のスタッフがアパートの管理人の女性に聞いたところでは、ペレルマンの部屋にはほどんど何もなく、ごみだらけで、ドアから虫が這(は)い出てくるというのであった。また彼が好きなのは森に出かけてキノコを採取することだという噂もあった。

彼は2006年には数学界のノーベル賞とも言われるフィールズ賞を贈られたが辞退した。さらに2010年にはクレイ数学研究所がミレニアム賞と副賞100万ドル（1億円以上）を贈ると発表したが、これも受け取らなかった。

こうした彼の行動の理由は、賞金に興味がないとか自分の論文を公表したがらないためだなどと噂されたが、かつての本人の言動からは、数学界（の不公平。若い研究者を評価しない）を嫌ったためとも見られる。またあるとき彼は、金や名声のために動物園の動物のような見世物になりたくはないとも語っている。ともかくペレルマンはこうして俗世間との接触をほとんど断ったようなのだ。

結局ペレルマンの歴史的とも言える証明は、前述の「ポアンカレの条件を満たす3次元多様体は3次元球面だけである」と述べたのだ。代表的な3次元多様体はわれわれの宇宙である。そこでわれわれにわかりやすい言葉でポアンカレ予想を言うならおおむね次のようになる。

「仮にわれわれの宇宙に無数のループを投げかけて、そのどれもが最終的に1点に縮むなら、宇宙は3次元の球面のような形であろう――」●

図6 ➡ペレルマンは100万ドルの賞金を断った。名声や巨額の賞金より安アパートに住んで森でキノコを集める生活を選ぶ――それが彼の人生のようだ。
資料／Wikimedia

〈21ページの答〉4×8＋3－5÷3＝10
〈33ページの答〉大円の直径 1尺4寸4分（1.4433…尺）、小円の直径 4寸8分1厘（0.48112…尺）
〈87ページの答〉c 緑の目をもつ子ネコはゴリラとは遊ばない

ラマヌジャンの数学

ラマヌジャンの数学

〝インドの魔術師〟の短くも濃密な数学人生

退校と出奔と無職の青年

インドがイギリスの植民地だった20世紀はじめ、ひとりのインド人数学者がわずか32歳で夭折した。シュリニヴァーサ・ラマヌジャン（**図1**）、その名は近代の数学史に消し難い足跡とともに残されている。

ラマヌジャンは1887年、民族衣装サリーを売る父親と寺院で聖歌を歌っていた母親の間に生まれた。夫婦は6人の子をもうけたが3人は生後すぐに死に、生き延びたのはラマヌジャンと年の離れた2人の弟だけだった。その彼も幼くして天然痘を発症し、以後彼の人生にはつねに重い病気がついてまわった。ちなみにラマヌジャンという名前は〝（ヒンズー教のヴィシュヌ神の化身）ラマの兄弟〟という意味だ。

おかげで彼は母親に甘やかされてわがまま放題、小学校の教師が気に入らない、授業がつまらないといっては不登校と転校をくり返した。彼の伝記（『The Man Who Knew Infinity（邦訳・無限の天才』）を書いたロバート・カニーゲルによれば、得意な算数の試験で友人に1点負けたと大泣きし、その友人と口もきかなくなったという。

幸いラマヌジャンは学校以外にも学ぶ方法があった。自宅に下宿していた大学生が大学図書館から数学テキストを次々に借り出してくれたのだ。こうして彼は15歳で独自に4次方程式（次ページ**図2**）の解法を導いた。翌年は5次方程式にも挑戦したが、これには当然ながら失敗した。というのも「5次方程式には解法がない」とすでに証明されていたのだ（85ページ参照）。

高校は最優秀で卒業して奨学金を得たものの、大学ではまた悪いクセが出た。数学以外の興味のない教科にいっさい出席せずに落第し、奨学金を失ったのだ。貧しい彼の家庭では授業料を払えず、ラマヌジャンは退校を余儀なくされた。推薦を受けて別の大学に入学したのもつかのま、またも同じことがくり返された。内向的だがプライドだけは高い彼は、ついに羞恥心から出奔して行方知れずとなった。

その後家に戻ってはきたものの、まともに職もなく、生活は両親頼みであった。ところが、無職をよいことに彼はまたも数学にのめり込み、仕事を探そうともしなかった。さすがに両親は見かねて、ラマヌジャンが21歳頃、わずか9歳の少女との結婚をとり決めた。ここに至ってようやく彼は職探しに走り回り、数学研究を行う余裕のある事務

図1 ➡ケンブリッジ大学トリニティ・カレッジで。いちばん右の人物がハーディ、中央がラマヌジャン。彼は1918年にこのカレッジのフェローに最年少で選出された。
写真／Charles F. Wilson

員の職を得た。

インドから ケンブリッジ大学へ

1913年1月、ケンブリッジ大学の数学者ハロルド・ハーディ（図1右端）は、自分宛てに届いた手紙の1通をなにげなく開封した。そこには自分を売り込む次のような奇妙な挨拶が書いてあった――「拝啓 私はマドラス港湾事務所経理部の事務員で年間ほんの20ポンドのサラリーで働いています」

ハーディのような高名な数学者のところには、世の〝数学オタク〟から自分を売り込む手紙が頻繁に舞い込む。ほとんどはバカげた内容で、こうしたものにハーディは慣れてもいた。だが彼は、この見知らぬインド人からの手紙が他とはまったく違うことに気づいた。というのも、冒頭の奇妙な挨拶の後に、10頁にもわたり120個もの定理や公式がぎっしりと並んでいたからだ。そこに書かれている定理や公式の多くはすでに別の数学者が発表しているか、ないしは簡単に導出できそうだとハーディは見てとった。だが問題は、彼がまるで知らない公式がいくつかあっただけでなく、それらは数学研究の根底をひっくり返すと思えるほどのものであった

――「もしこの男がイカサマ師ならその創造性は尋常ではない」

手紙の送り主に強い興味を抱いたハーディは、その本人をイギリスに呼んだ。ラマヌジャン26歳のときだ。

イギリスにおけるラマヌジャンの数学への取り組みは特異であった。彼はいつも直感的で、毎日、公式や定理を10個以上も思いつき、翌朝にはハーディに嬉々として報告する。だが自分ではいっさい証明しようとせず、骨を折って証明するのはもっぱらハーディの役割であった。

体の弱いラマヌジャンはたびたび入院したが、その病院でも奇妙なふるまいを見せた。ハーディはふだんから他人の車のナンバーを見てはその数学的特徴を探すクセがあった。彼がラマヌジャンを見舞ったとき、乗車したタクシーについて「今日のナンバーは1729――つまらない数字だった」と言った。するとベッドのラマヌジャンは「そんなことはありません」と俄然はりきり、「1729は3乗数（立方数）2個の和を2種類つくることのできる最小の数です！」と叫んだのだ。いまではこの数は「タクシー数」と呼ばれている（**図3**）。

ラマヌジャンはいったいどこからこんな発想を得たのか？ こう問われると彼はつねに「夢で女神ナマギーリが告げたのです」と答えた。無神論者のハーディは、こう答えるのはラマヌジャンがはぐらかしているんだろうとさして気にもとめなかった。だがバラモン（インドの最上階級の僧侶）のラマヌジャンは幼時から宗教教育を受けていたので、それは彼の実感だったとも見られる。科学者にはときおり「夢で啓示を得た」などと口にする者がいるが、これもラマヌジャンの女神の話と重なる脳の奇妙なはたらきを示しているのかもしれない。

ラマヌジャンが残した3900の公式

ラマヌジャンの関心はとくに「数論」や「級数」（16ページ）にあった。とりわけ円周率πを好

図2 4次方程式

$$ax^4+bx^3+cx^2+dx+e=0 \quad a\neq 0$$

⬆ラマヌジャンはわずか15歳で4次方程式の解法を見いだした。実はすでに16世紀にイタリアのロドリコ・フェラーリが因数分解を利用する比較的シンプルな手法を発見していたが、ラマヌジャンは知らなかった。

図3 タクシー数

$$1729$$

$$1^3+12^3=9^3+10^3$$

➡ラマヌジャンによるタクシーのナンバー（タクシー数）の分解。ハーディが「4乗で同様の例はあるか？」と聞くと、ラマヌジャンは「数字が大きすぎてすぐにはわかりません」と答えたが、後に9桁（1億の桁）の数字で4乗の例が発見された。

$$\frac{1}{\pi}=\frac{2\sqrt{2}}{99^2}\sum_{k=0}^{\infty}\frac{(4k)!}{k!^4}\,\frac{26390k+1103}{396^{4k}}$$

図5 ⬅⬇ラマヌジャン（左）のπについての公式のひとつ。kに0から無限大までの整数を順に入れるとその総和は最終的に$\frac{1}{\pi}$になる。

左上図／川島ふみ子

column ラマヌジャンの“履歴書”

ラマヌジャンがつねに携えていたのが、定理や公式を書き並べた「ノート」（右写真）。インドで求職中にはノートを有力な数学者に見せ、数学に集中できる仕事を探した。

ノートの定理や公式にはそこにいたる証明は書かれていない。ラマヌジャンの伝記作家たちはこれはインドでは紙が貴重だったことに加え、彼が少年時代に出合ったジョージ・カーの数学書に影響されたとみている。この数学書には定理がたんたんと並べられているだけで証明は省略されていたのだ。

CHAPTER XVIII

3. The perimeter of an ellipse whose eccentricity is h, is

$= \pi\{3(a+b) - \sqrt{(a+3b)(3a+b)}\}$ nearly

$= \pi(a+b)\{1 + \frac{3x}{10+\sqrt{4-3x}}\}$ very nearly where $x = (\frac{a-b}{a+b})^2$

N.B. i. $\pi = 3.14159265358979323846,26434$

ii. $\log 10 = 2.302585092994045684018$

iii. $e^{-\pi} = .0432139182,6377226$

iv. $e^{\frac{\pi}{2}} = 4.810477380965351655473$

Cr. $\pi = \frac{355}{113}(1 - \frac{.0003}{3533})$ very nearly

$= \sqrt[4]{97\frac{1}{2} - \frac{1}{11}}$ nearly

んだようで、π分の1（$\frac{1}{\pi}$）となる級数だけで17個も発見している。そのひとつは1987年まで証明されなかった。

だが、イギリスでの生活はラマヌジャンには苦しいものだった。彼は戒律に従って菜食であったが、第一次世界大戦のさなかで食料不足のうえ、彼にはめずらしくないことだがしばしば飲食を忘れた。冬の寒さもこたえた。彼は体調を崩して結核と誤診され、療養所に収容されたりもした。病気で数学研究が進まないうえに、故国の母が年若い彼の妻を邪険に扱っていると知って精神的に落ち込み、1918年にはロンドンの地下鉄にとびこんだ。幸い電車は急停止して命は助かったが。

その後ラマヌジャンはイギリス王立学会の最年少の会員に選出された。しかし体調は戻らず、1919年にインドに帰国し、翌年4月に若くして息をひきとった。肝膿瘍だったとみられている。病床で書いたハーディへの最後の手紙は、ラマヌジャンの最大の数学的成果とされる「擬テータ関数」（図4）について記したものだった。

ラマヌジャンが生涯に提出した3900もの公式すべてが正しいわけではない。だがそれらは数学のみならず物理学にも広く浸透し、いまではブラックホールや超ひも理論（超弦理論）の最新研究においても欠かせないものになっている。●

Im(q)　Re(q)　1.0　0.5　0.0　−0.5　−1.0

図4 ➡ラマヌジャンは死の床でハーディに「擬テータ関数」についての手紙を送った。彼はその正確な定義は示さなかったものの、変数qを級数の形で表した17の例を提示している。右は複素数を変数とした擬テータ関数を映像化したもの。

CG／Souichiro Ikebe (http://math-functions-1.watson.jp)

決闘死したガロアの「群論」という数学

〝ジュネ・パ・ルタン〟――ぼくにはもう時間がない

大数学者も理解できない新しい数学

天才もはたちすぎればただの人――昔からそう言われてきた。だが弱冠はたちで――それも決闘で――死んでしまっては、真の天才かただの凡庸な数学者の若き熱血の日々だったのか確かめることもできない。ここで注目するのは、天才か否かいまも宙ぶらりんのままの数学者ガロアである。

フランスの数学者で革命家でもあったエヴァリスト・ガロア（**図3**）は、フランス革命（**コラム1**）からまもない1811年――ナポレオン皇帝の絶頂期――にパリ郊外で生まれた。父は公立学校の校長、母は教養ある女性、それに姉と弟という5人家族だった。ガロアは12歳まで母親による教育を受け、その後パリの寄宿制学校に入った。彼は名門校の入学試験に2度失敗してもいる。

この少年は早くから数学に異様なまでの興味を示し、いまだ17歳のときに、早くも数学の歴史を書き換えるほどの業績となる〝ガロアの理論〟を生み出した。これはティーンエイジャーの少年の仕事とはいえ高度な数学を学んだ者でなければ理解の届かない理論で、本書ではひとつのエピソードとして扱うことにする。

ガロアの理論は一言でいうなら、「体（たい）」や「群（グループ）」という集合を利用して数学的対象の構造を研究するものである。体も群も数学的な操作に対して〝閉じている〟、つまり操作を行ってもそれらの要素（元）が集合からはみ出さないものをいう（**コラム2**）。

そもそも「群」という言葉によって新しい数学を切り開いたのはガロア自身である。彼は方程式の解法を探るうえで複雑な計算に頼るのではなく、方程式の性質を、群と体を利用して明快に分析してみせた（**図2**）。

ガロアが群論を書き残したとき、その真実性や重要性、先見性に気づいた数学者はいなかった。当時世界最高の研究機関であったパリ科学アカデミーも、ドイツの〝史上最強の数学者〟カール・ガウスやカール・ヤコビなどの大数学者たちも群論の意味を理解せず、その理論の有用性も認めなかった。だがその

column 1 ＊ ガロアの時代のフランス

フランス革命

フランスでは18世紀末、ルイ16世（ブルボン王朝）下で社会が混乱し、ついに国民議会が成立、政治犯を収監するバスティーユ監獄が襲撃されてフランス革命に火がついた。1792年には王権が停止され、共和制が宣言された。国王の処刑、恐怖政治、革命指導者ロベスピエールの処刑などが続く中で軍部が台頭、ナポレオンが執政となって革命は終焉した。ガロアはナポレオンの絶頂期に生まれた。だがナポレオンはロシア遠征に失敗し、ライプチヒとワーテルローでも敗北するなどにより権力を失った。ガロアは、フランスとヨーロッパのこうした混迷と動乱の時代をつかのま生きそして死んでいった。

図1 ⬇1832年5月30日の夜、ガロアはパリ郊外の森で拳銃による決闘に応じて腹部を撃たれた。近所の農夫が病院に運んだものの、翌31日わずか20歳でこの世を去った。

「群」とは何か？

ガロアが遺書となる手紙（本文参照）を書き残した当時の数学には「体」という言葉はなく、「群」もほとんど研究されていなかった。しかし彼は群や体の概念を使って、解ける方程式の条件を明確にした。

ここで言う群とは、ひとつの演算（操作）——たとえば和——を行っても答がそこで閉じている、つまりはみ出さないものを意味する。たとえば整数と整数の和は必ず整数なので、整数は和について群である。差や積に対しても整数は群だ。

これに対して整数は体ではない。というのも、体は四則演算（加減乗除）を行っても別種の数が現れないものを意味するからだ。整数は割り算をすると整数にならない（分数＝有理数になる）ことがある。しかし有理数は加減乗除すべてで答が有理数になるので、有理数の集合は体ということになる。

図2

Field 体（ガロア拡大体）

係数の体（おもに有理数体）＋解

方程式 $f(x)=0$ の解はここに含まれる

例：ガロア拡大体は $x^2+1=0$ の解 i を含む。i は本来は複素数体に存在する要素（元）。

Gourp 群（ガロア群）

解を置換する方法

群は動詞に似ており、演算を記録している。ガロア群のような置換群では要素（元）は対象（たとえば解）を置き換える。

⬆ガロアは、方程式の係数がつくる体にその解を加える「ガロア拡大体」を考案した。係数の体は一般に有理数体を、また（有理数でない）解は２乗根や３乗根などの累乗根（べき根）や虚数（i）を含んでいる。

上図資料／Tai-Danae Bradley

⬆ガロアは方程式そのものではなく「ガロア群」（ある性質をもつ置換群）をくわしく分析し、これが「可解」と呼ばれる性質をもてばその方程式は解けることを示した。ガロア群は、ガロア拡大体を置換することでその性質が見えてくる。

図３ ➡エヴァリスト・ガロアは少年期から並外れた数学的天分を見せたが、凡庸な教師たちは彼の才能に気づくことがなかった。図／小松原 英／矢沢サイエンスオフィス

図4

ABC

ACB

BAC

CAB

BCA

CBA

●解A, B, Cの置換の方法

最初と2番目を交換

2番目と3番目を交換

ひとつずつずらす

⬆方程式を解く鍵となるのがこの図が示す「置換群」（置換は並び変えるとか置き換えることを意味する）。方程式の答を求めるときには係数に目が行きがちだが、18世紀のジョゼフ－ルイ・ラグランジュはそれだけでなく、解どうしの差や積や置換を利用して解を求めた。ガロアは解の置換をさらに進め、置換という演算についての群とその性質を考察した。図は３つの解（A、B、C）の置換のしかた。２つの置換を続けて行う連続的置換でも、その置換はもともとの６つの置換のどれかになる。つまり置換は置換群をつくる。

資料／medium.com

後時間が経つにつれ、群論は代数学の分野に強い影響を与えるようになる（コラム2参照）。

女性をめぐって決闘死？

少年ガロアは新しい代数学の偉大なパイオニアであっただけではない。彼はフランス革命後の大混乱の中でひとりの革命家として政治活動にも加わり、と

きには逮捕・投獄もされた。その思春期を通じてガロアは数学への激しい情熱を持ち続けたが、同時により多くのエネルギーを政治活動に注いでいた。

そしてある日、悲劇がガロアを襲った。1829年7月2日、地元の市長で共和党の活動家でもあった父親が、息子ガロアの住まいに近いアパートで首を吊って自殺したのだ。彼を敵視するある司祭が彼の名をかたって悪意に満ちたスキャンダルを広め、善良な男であった父親はそれに耐えることができなかった。

父親の死はガロアに衝撃的な影響を与えた。だが彼は2週間後には数学に戻り、もっとも重要な仕事となる群論に取り組んでいた。そして2年あまりが過ぎた。

あるときガロアは友人宛に手紙を書き送ったが、そこには、このとき彼が取り組んでいた群論の着想が書かれていた（**図5**。生原稿）。そしてその横のスペースに〝ジュネ・パ・ルタン〟というメモが書かれていた。「僕にはもう時間がない」という意味だ。この言葉が友人に何を伝えようとしていたのかは不明であったが、前後の事情からそれが彼の遺書であった可能性がある。

1831年7月14日のパリ祭——その42年前に起こってフランス革命の発端となったバスチーユ監獄襲撃を記念する革命記念日。この重要な日を〝パリ祭〟などと呼んでただのお祭り騒ぎと混同しているのは日本だけだが——の日にガロアは再逮捕された。それは彼が違法である州兵の制服を身に着けてライフル銃（小銃）を持ち、何丁ものピストルと短剣を帯びていたためだった。彼はかつて収監されていた刑務所に送り返された。

ところが彼はそこで、刑務所に常駐する医師の娘ステファニー・フェリーチェ・デュモテルに恋心を抱いたようであった。翌1832年4月29日に釈放された彼はステファニーと手紙を交換したものの、相手の返事が拒絶的であっただけでなく、とんでもない難題を伴っていた。その直後、彼が友人に書き送った手紙にはこう書いてあった——「つまらない色女に引っかかって決闘を申し込まれた」

出所から1カ月後の5月30日夜、2人の男が近くの森でそれぞれピストルを手に決闘した（84ページ**図1**）。相手の弾丸が腹部にあたってガロアが倒れると、相手とその見届け人（おそらく相手の仲間）はガロアをそこに置き去りにして姿を消した。後で通りかかった農夫がまだ生きていたガロアを近くの病院に運んだが、翌日彼は息を引きとった。

ガロアと決闘したのはペシュ・デルバンビルという男だとされている。だが彼らが本当にステファニーをめぐって決闘したのかどうか怪しまれてもいる。というのも、ずっと警察に追われていたガロアの決闘相手デルバンビルは、実は共和党側（革命派）を追跡していた警察関係者、それも射撃手であったことが後にわかったからだ。ときの権力側（旧体制側）が革命派の活動家ガロアを色恋沙汰にことよせて都合よく殺した、というのもありそうな話ではある。

こうして、おそらくは真の数学的天才であったガロアは、決闘前夜まで群論の完成に取り組み、その翌日には、彼自身が予期していたとおり20歳の若さで銃弾に倒れた。群論が注目され、代数学の世界に大きな位置を占めるのは、彼の死から数十年後であった。●

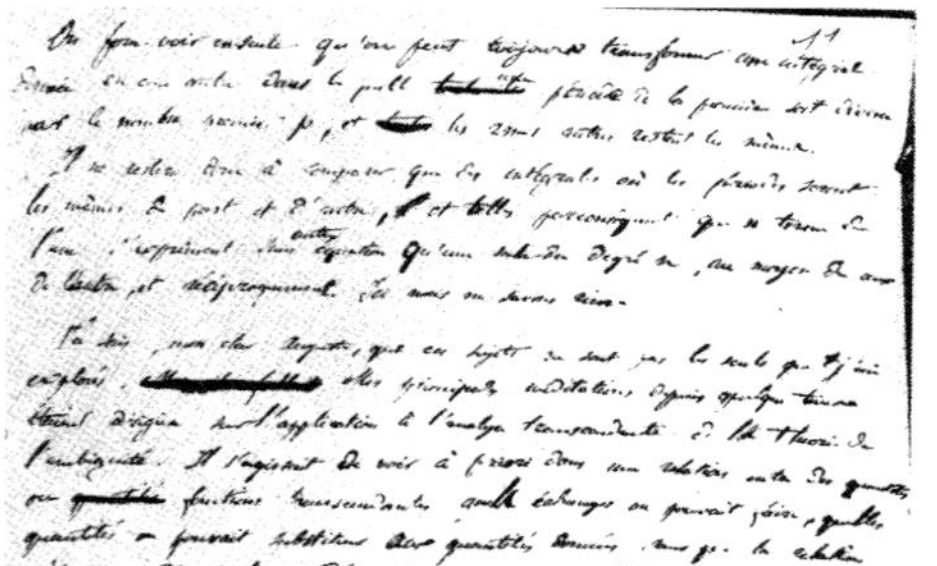

図5 ➡ガロアが決闘前夜に友人に宛てて書いた手紙（実物の複写）。これは彼の最後の数学論文であるとともに、友人に残した遺言でもあった。末尾に彼の署名と日付けが書かれている。　写真／彌永昌吉（複写）

『不思議の国のアリス』の作者ルイス・キャロルによる

論理パズル

①魚が好きな子ネコにしつけられないものはいない
②尻尾のない子ネコはゴリラとは遊ばない
③ひげのある子ネコはみな魚が好き
④緑の目をもつ子ネコはしつけができない
⑤ひげがないネコには尻尾がない

問題

これらの論理をすべて使って引き出せる答は？

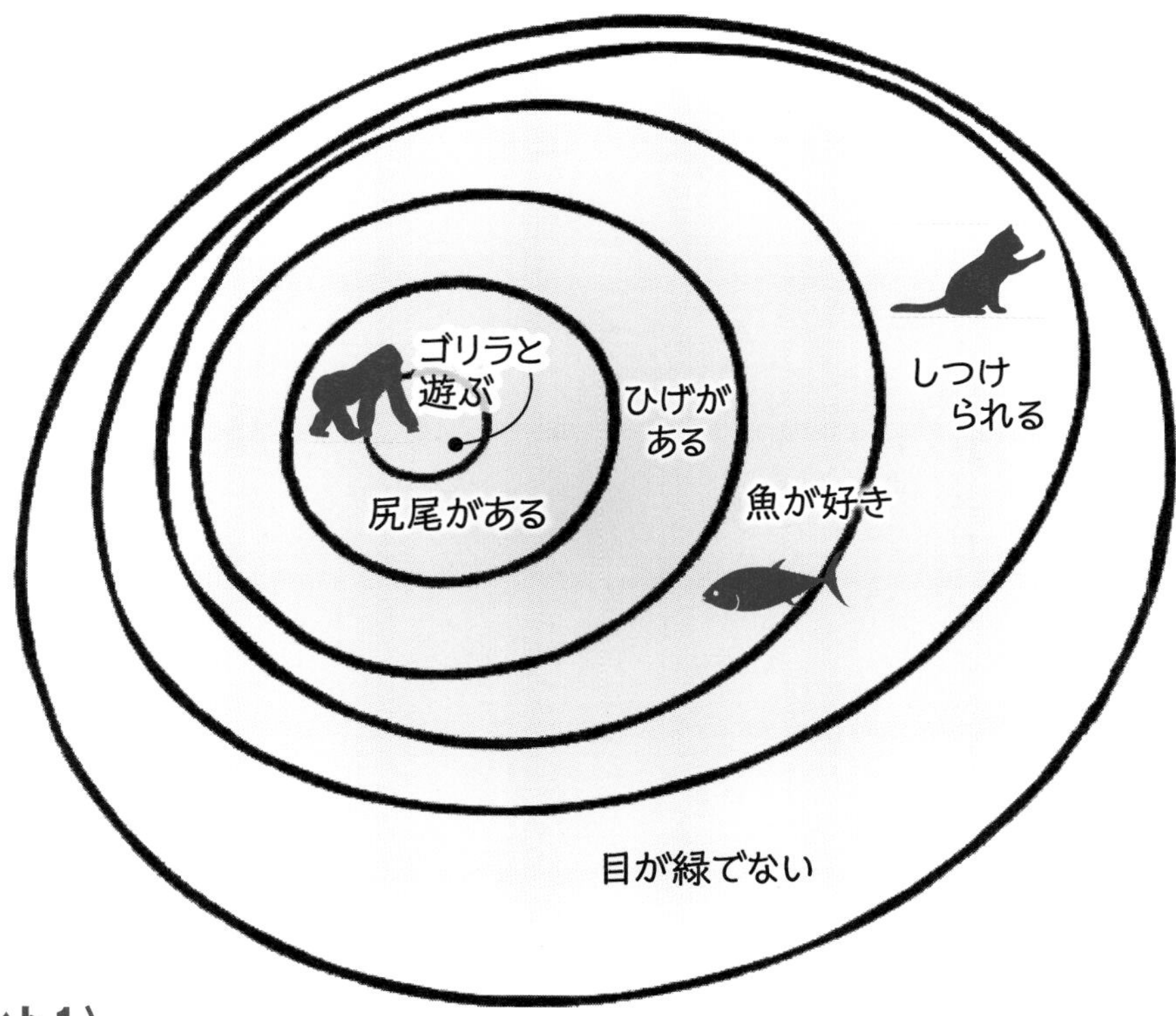

〈ヒント1〉

図は、これらの論理がどのような構造をつくっているかを示している。

〈ヒント2〉

以下の選択肢から選んでほしい。

a　尻尾のある子ネコはみなゴリラと遊ぶ
b　ひげのある子ネコはみなゴリラと遊ぶ
c　緑の目をもつ子ネコはゴリラとは遊ばない
d　ひげのない子ネコはしつけられない
e　魚が好きな子ネコにはみな尻尾がある

（答は80ページ欄外）

◉執筆

新海裕美子 *Yumiko Shinkai*

東北大学大学院理学研究科修了。1990年より矢沢サイエンスオフィス・スタッフ。科学の全分野とりわけ医学関連の調査・執筆・翻訳のほか各記事の科学的誤謬をチェック。共著に『人類が火星に移住する日』、『ヒッグス粒子と素粒子の世界』、『ノーベル賞の科学』(全4巻)、『薬は体に何をするか』『宇宙はどのように誕生・進化したのか』(技術評論社)、『始まりの科学』、『次元とはなにか』(ソフトバンククリエイティブ)、『この一冊でiPS細胞が全部わかる』(青春出版社)、『正しく知る放射能』、『よくわかる再生可能エネルギー』(学研)、『図解 科学の理論と定理と法則』、『図解 数学の世界』、『人体のふしぎ』、『図解 相対性理論と量子論』、『図解 星と銀河と宇宙のすべて』(ワン・パブリッシング)など。

矢沢 潔 *Kiyoshi Yazawa*

科学雑誌編集長などを経て1982年より科学情報グループ矢沢サイエンスオフィス(㈱矢沢事務所)代表。内外の科学者、科学ジャーナリスト、編集者などをネットワーク化し30数年にわたり自然科学、エネルギー、科学哲学、経済学、医学(人間と動物)などに関する情報執筆活動を続ける。オクスフォード大学の理論物理学者ロジャー・ペンローズ、アポロ計画時のNASA長官トーマス・ペイン、マクロエンジニアリング協会会長のテキサス大学教授ジョージ・コズメツキー、SF作家ロバート・フォワードなどを講演のため日本に招聘したり、「テラフォーミング研究会」を主宰して「テラフォーミングレポート」を発行したことも。編著書100冊あまり。近著に『図解 経済学の世界』、『図解 星と銀河と宇宙のすべて』(ワン・パブリッシング)がある。

カバーデザイン ◉ **StudioBlade**(鈴木規之)
本文DTP作成 ◉ **Crazy Arrows**(曽根早苗)
イラスト・図版 ◉ 細江道義、川島ふみ子、高美恵子、十里木トラリ、矢沢サイエンスオフィス

【図解】数学の定理と数式の世界

2022年11月24日 第1刷発行

編 著 者 ◉ 矢沢サイエンスオフィス
発 行 人 ◉ 松井謙介
編 集 人 ◉ 長崎 有
企画編集 ◉ 早川聡子

発 行 所 ◉ 株式会社 ワン・パブリッシング
〒110-0005 東京都台東区上野3-24-6

印 刷 所 ◉ 共同印刷株式会社

[この本に関する各種お問い合わせ先]

・本の内容については、下記サイトのお問い合わせフォームよりお願いします。
https://one-publishing.co.jp/contact/
・不良品(落丁、乱丁)については Tel 0570-092555
業務センター 〒354-0045 埼玉県入間郡三芳町上富279-1

・在庫・注文については書店専用受注センター Tel 0570-000346